我走进了鸟类王国

WO ZOUJIN LE NIAOLEI WANGGUO

苏曾燧 著

·广州·

图书在版编目（CIP）数据

我走进了鸟类王国/苏曾燧著. —广州：华南理工大学出版社，2019.1
ISBN 978－7－5623－5890－9

Ⅰ.①我… Ⅱ.①苏… Ⅲ.①鸟类－青少年读物 Ⅳ.①Q959.7-49

中国版本图书馆 CIP 数据核字（2019）第 013788 号

我走进了鸟类王国

苏曾燧 著

出 版 人：卢家明
出版发行：华南理工大学出版社
　　　　　（广州五山华南理工大学17号楼，邮编510640）
　　　　　http://www.scutpress.com.cn　E-mail：scutc13@scut.edu.cn
　　　　　营销部电话：020-87113487　87111048（传真）
责任编辑：王荷英　林起提
印 刷 者：佛山市浩文彩色印刷有限公司
开　　本：787mm×1092mm　1/16　印张：11　字数：191千
版　　次：2019年1月第1版　2019年1月第1次印刷
定　　价：48.00元

版权所有　盗版必究　　印装差错　负责调换

鸟园闲情

日日茶满高杯，
朝朝鸟园花开。
鸟鸣鸟唱鸟飞翔，
人来人往人嗨！

夜夜梦境精彩，
早早百鸟醒来。
鸟痴鸟王鸟达人，
无忧无虑无悔。

《鸟园闲情》·鸟王宗弟苏敏雄书

鸟语花香(张九能摄)

八哥

绣眼

鹩哥(陈泽波摄)

喜鹊

松鸦

金丝雀

七彩文鸟

麻雀(张九能摄)

伯劳(张九能摄)

鹊鸲

白头鹎(张九能摄)

广州市鸟——画眉(张九能摄)

丝光椋鸟（张九能摄）

鸬鹚（张九能摄）

相思鸟（张九能摄）

白鹭（张九能摄）

红嘴蓝鹊（张九能摄）

孔雀

金刚鹦鹉

红领绿鹦鹉

葵花凤头鹦鹉

乌雕

猫头鹰

前言

我出生于农村，从小就埋下了爱鸟的情结，经过几十年的发酵，到20世纪90年代初退休前夕，我开始学习养鸟，接着开始大规模养鸟、驯鸟，先后在广东省内筹建并经营了15个"百鸟园"，在湖南衡山也建了1个，经营百鸟园历时18年。

百鸟园集鸟类保护、养殖、研究、旅游观光、科普教育于一体。18年来接待游客超过100万人次，对社会有一定的影响，多家电视台和报刊都做过报道。

我在经营百鸟园的18年间，喂养过100多个品种、成千上万只鸟雀，对鸟类行为，尤其是与人接触所发生的行为细心观察、认真研究。本书将通过散文、故事、小说和采访问答等文学形式，把我恋鸟的情怀，护鸟、养鸟、驯鸟的心得体会分享给读者，其中有不少是鲜为人知的趣事，希望能激发大家爱鸟、护鸟的兴趣！书中除了用第一人称外，主人公"文山"或"鸟王"的原形也是本人，书中的故事基本上是我亲身经历过的。由于水平有限，书中难免存在疏漏或不足之处，望读者雅正。

在编写本书的过程中，得到了黄泽伟、李宏、陈仕焯、傅斌、张九能等朋友的热情帮助和鼓励，在此表示衷心的感谢。

作　者
2018年10月

目录

第一章　童年八哥情 ·· 1
　　一、八哥情始处 ·· 1
　　二、鸟情在扩散 ·· 7
　　三、父亲也爱鸟 ·· 12

第二章　我的百鸟园 ·· 15
　　一、筹建的构思 ·· 15
　　二、鸟类表演 ·· 20
　　　　鹦鹉技艺表演 ·· 21
　　　　椋鸟捉虫 ·· 23
　　　　鸬鹚捕鱼 ·· 24
　　　　人鸟共舞 ·· 26
　　　　老鹰出猎 ·· 27
　　三、记者的采访 ·· 28

第三章　百鸟园的奇闻 ·· 34
　　紫啸鸫复仇 ·· 34
　　喜鹊记仇 ·· 35
　　鸟、狗联手斗眼镜蛇 ·· 35
　　变态的番鸭（疣鼻栖鸭） ···································· 37
　　鹩哥过年收利是（红包） ···································· 38
　　山凤凰偷红包 ·· 39
　　喜鹊夺金链 ·· 41
　　大绯胸鹦鹉解金耳环 ·· 42
　　葵花鹦鹉"经营"沐浴池 ····································· 42

  外国女士"奉献"金发 …………………………………… 43
  温顺的山伯劳 ……………………………………………… 45

第四章　以鸟会友 …………………………………………… 47
  不打不相识 ………………………………………………… 47
  刘三姐式以歌会友 ………………………………………… 48
  鸟语知多少 ………………………………………………… 51

第五章　养鸟中的科学 ……………………………………… 56
  鹩哥讲话的特训 …………………………………………… 56
  如何提高鸟的繁殖率 ……………………………………… 60
  养鸟必须懂一点医学知识 ………………………………… 66

第六章　自由鸟——好似家禽，胜似家禽 ………………… 68
  自由鸟迎客 ………………………………………………… 69
  扮演放生鸟 ………………………………………………… 71
  菜地捉虫 …………………………………………………… 72
  人鸟共餐 …………………………………………………… 72
  成为大湿地岛的留鸟 ……………………………………… 73

第七章　八哥的人性与鸟性 ………………………………… 80

第八章　斗鸟与斗鸡 ………………………………………… 88
  一、斗鸟 …………………………………………………… 88
  斗鹊鸲 ……………………………………………………… 88
  斗画眉 ……………………………………………………… 90
  二、斗鸡 …………………………………………………… 93

第九章　驯鹰 ………………………………………………… 98

第十章　绿衣"天使" ……………………………………… 112

第十一章　多情的葵花鹦鹉 …………………………………… 119

第十二章　鸟的野放与招鸟 …………………………………… 127
　　一、野放 …………………………………………………… 127
　　　民间自发的野放 ………………………………………… 127
　　　百鸟园的野放 …………………………………………… 128
　　　政府行为的野放 ………………………………………… 129
　　二、招鸟 …………………………………………………… 130
　　　留住留鸟 ………………………………………………… 130
　　　环境招鸟 ………………………………………………… 132
　　　食物招鸟 ………………………………………………… 134
　　　以鸟招鸟 ………………………………………………… 134
　　　音响招鸟 ………………………………………………… 135

第十三章　与野鸟交朋友 ……………………………………… 138

第十四章　传媒眼中的教授鸟王 ……………………………… 146
　　一、《南方日报》：鸟王 …………………………………… 146
　　　"鸟王"原是副教授 …………………………………… 146
　　　鸟儿打架，苦了爱鸟人 ………………………………… 148
　　　教鹩哥说英语 …………………………………………… 149
　　　理想：新型人鸟关系 …………………………………… 150
　　二、香港《东方日报》：穗退休教授变身"鸟王" ……… 151
　　　训练鹩哥讲三种语言 …………………………………… 151
　　　办鸟园让人鸟和谐共处 ………………………………… 152
　　三、《老人报》："鸟王"和他的百鸟园 ………………… 153
　　　百鸟园里觅鸟趣 ………………………………………… 153

人与鸟可和谐相处 …………………………………… 154
"手掌鸟"的启示 ……………………………………… 155
爱鸟滋润不老心 ……………………………………… 156

四、《珠江时报》:"万鸟导师"带出鹩哥"博士生" ………… 157
奇事:鹩哥"口语"分四级 …………………………… 157
奇趣:手上的鸟儿会跳舞 ……………………………… 158
奇人:养鸟过万成"导师" ……………………………… 158

五、《人民日报》:教授"鸟王" ………………………… 159
拳拳爱鸟心 …………………………………………… 159
名师出"高徒" ………………………………………… 160
爱鸟不了情 …………………………………………… 161

第一章　童年八哥情

童年像黄昏后耀眼的繁星，像渐亮的曙光，像将要升起的太阳，更像含苞待放的艳花……啊！童年就是人生的启蒙时期，在童年里所感知的事物，将在一生中留下深刻的印象，甚至会诱发成长后创业的梦想。

一、八哥情始处

由于母亲身体虚弱，文山在童年的时候就被安排到姐姐（二姐）的家里生活一段时间。姐姐的家在山区，开门见山，抬头见树，草地、耕地、池塘连成一片，蓝天白云映照。在这个宁静的村庄里，人们日出而作，耕田而食，俨然是一个人间的世外桃源。

庭前屋后，树木山林，处处可见鸟在飞翔，烂漫的山花在倾听鸟雀的鸣唱。池塘里家鸭、野鸭分群游动，从它们个头的大小可分辨出来。耕牛在吃草时也有鸟儿做伴，有时鸟儿还会站于牛背上占着牧童的座位。田野里不断传来秧鸡"咕噜咕噜"的叫声，它们偶尔会在田与田之间穿越……这山区处处都是鸟儿的天堂。

文山出生在县城附近的农村，景色和风光无法与山村相比，高山、大树、田野、山花、野果，还有各色的鸟雀，以及大大小小的家畜和家禽，这山村的一切让他觉得新奇得很，仿佛是到了另一个天地。

山区的孩子们很爱养鸟，有的养鹊鸲（俗称知时喳），有的养画眉，养得最

多的是八哥。八哥都很听话，不用笼子关住也不会飞走。山里人养八哥像养家禽那样，它也不需要专门去喂食，主人喂猪、喂鸡的时候，八哥就去同一个槽吃。有时候猪吃得快，槽吃空了，未吃饱的八哥只好用它灵巧的嘴细心地清理掉在地上和粘在猪嘴边的残羹。八哥若与鸡同槽，待遇更差，吃着吃着不时就会被旁边的大公鸡啄一嘴。八哥又只好转移到有一点母爱的老母鸡旁吃，岂料老母鸡只会关照它的小鸡，也不让位。如果此时主人在场，就会抓一把饲料让八哥飞到手上享用。吃饱以后，八哥就会飞到树上，站在矮枝上唱歌，似乎在向与它争食的禽畜示威：你们有本事就上来呀！

八哥不仅特别听话，还会"说人话"，这对文山的吸引力太大了。文山很想自己能养一只八哥，不行的话哪怕跟别人的八哥玩一玩也好。刚好姐夫的弟弟有两只八哥，他的年纪大约十二岁，姐姐叫他二叔仔，文山也跟着这样称呼他。因为是一家人，八哥也就成为这家人的家禽。

这两只八哥有一只已经长大了，会飞、会跳，文山几乎整天围着它团团转，有时八哥也会围着他转，那就是在文山吃饭的时候。每次吃饭，文山总是端着碗离开饭桌，不时地把饭菜扔到地上，让八哥捡着吃。

还有一只八哥是幼鸟，刚好长出针状毛。每次二叔仔喂小八哥时文山都在旁边看，小八哥张嘴，他也不自觉跟着张开小嘴。二叔仔把食物塞到小八哥嘴里，小八哥就闭嘴吞咽，在旁的文山也下意识地跟着闭嘴吞口水。

小八哥一边吃，一边拉，拉屎时会很自觉地翘起屁股把屎拉到窝的外面。

文山与二叔仔相处几天就熟悉了，便向二叔仔提出一些让他好奇的问题。

文山："二叔仔，你怎么教得它们那么听话？大的你一吹口哨它就来，小的拉屎又会翘屁股。"

二叔仔："只要你从小喂养它长大，它就会跟你亲。吹口哨也行，拍手也行，它来你就给它东西吃，慢慢地它就会听你的话了。小八哥拉屎就会翘屁股，不用教的。"

文山："要喂什么给小八哥吃？"

二叔仔："喂米粉加鸡蛋，调成糊状。等长大一点就喂鱼虾或蝗虫（蚱蜢）。"

小八哥长得很快，经过几天的喂养，身上的针状毛变成了小羽毛，还会跳出窝来，声音也由"呀呀"变成"嘎嘎"，十分可爱。此时二叔仔知道，应该给小八哥更换食谱了。

"小弟，我带你到池塘捉小鱼虾喂小八哥。"文山听到二叔仔的召唤，非常高兴，一只手提着小八哥笼，一只手拿着小竹筐，紧跟着二叔仔去池塘。

"小弟，你不要下水，我捉到鱼虾再递给你。"只见二叔仔把裤筒卷起，手拿小鱼网沿着池塘边往前捞，然后不时地把小鱼网递上岸，文山就把网里的小鱼虾捉到小竹筐里。

按二叔仔的吩咐，文山将虾去掉头和尾，小鱼就直接塞到小八哥的嘴里。这样喂小八哥比起吃饭的时候喂大八哥又有不同的乐趣，想到小八哥再长大一点，会飞时会听他的话，文山更加兴致勃勃，很快就把小八哥给喂饱了。

"二叔仔，我很喜欢跟你去捉小鱼虾喂小八哥，明天还去不去？"文山真的很想像二叔仔那样，到池塘边用小鱼网捉小鱼虾，希望多跟几次就能学会。

"小弟，等到星期日，我带你到山脚草地上去捉蚱蜢喂八哥。"捉小鱼虾已经够好玩的了，听说可以去野外捉蚱蜢，文山更是喜出望外。好不容易等到了星期日，大清早一大一小两个小孩，带上大小两只八哥，还有捕蚱蜢的网、装蚱蜢的小竹笼，向着山里走去，大的八哥边飞边跳地跟在他们的后面。

在往山里走的小路上，二叔仔一边走一边在小路两边的草丛中搜索，偶尔也能捉到两三只蚱蜢，就顺手剥掉蚱蜢的脚和翅膀再喂给小八哥吃。走着走着，不知不觉就走到了目的地。山脚是一片环绕着山的草地，看不到尽头。草地上生长着各种各样的杂草，橡草长得较高，稀疏有些小树，有一棵大树顶立在那里，它茂密的树枝在太阳光下造就了一大片阴影，是乘凉的好去处。

二叔仔挥动那系着捕蜢网的棍子在草丛中撩拨，蚱蜢受到惊动飞出来，二叔仔、大八哥和文山就各自奔向猎物。二叔仔动作熟练，加上有捕蜢网，一下子就捉了好几只蚱蜢，文山跑得满头大汗，还不时地摔跤，却一只也没捉到。大八哥反而偶尔能捉到一只，然后一边捉一边吃起来。

"小弟，你很难捉得到蚱蜢的，当心摔跤，你不用追捕了，我捉到的你帮我放进蜢笼就是了。"二叔仔安慰文山道。

文山就是不服气，心想：连八哥都能捉到蚱蜢，我有手有脚，怎能落后？正想着，突然有一只蚱蜢撞到他的身上，文山一手把它捏住，高兴得大声叫着：

"二叔仔，我捉到一只蚱蜢啦！"

为了鼓励他，二叔仔一面夸奖一面走近来看。

"哎呀！你捏得太用力了，把蚱蜢的肠子都捏出来了。"二叔仔说道。但不管是生是死，毕竟不是从二叔仔的网里拿出来的，而是自己亲手捉的，文山还是很高兴。死掉就不用放到蜢笼里了，只好立刻喂了小八哥。

文山在捉蚱蜢的过程中，还会时刻留意着大八哥的动态，怕它经不起大自然的诱惑，偷偷地飞走了。但它很听话，总在二叔仔附近活动，还怕二叔仔丢下它哩！

"二叔仔，你看，大八哥捉到一只大蚱蜢。"

顺着文山手指着的方向，只见大八哥嘴里叼着一只大蚱蜢一下子吞不下去，松口又怕蚱蜢飞掉，头部前后左右用力地晃动。二叔仔一声口哨，大八哥叼着蚱蜢就飞到二叔仔身边。只见二叔仔二话没说，一伸手就抓住八哥嘴里的蚱蜢，用力一拉把蚱蜢抓了过来放入蜢笼里，大八哥很无奈地看着二叔仔，不愿飞走。

在一旁的文山觉得很不公平，为大八哥求情："二叔仔，你就让它吃吧，是它自己捉到的。"

"我看到它刚才已经吃了好几只了，它自己捉到的从不上缴，吃饱了就不肯去捉了。"二叔仔回答道。

文山始终同情大八哥，待二叔仔转过身去捕蚱蜢时，就悄悄地从蜢笼里抓了一只蚱蜢还给大八哥。大八哥就叼着蚱蜢飞到小树下慢慢地享用起来。

折腾了大半天，小竹笼里装满了蚱蜢，活蹦乱跳。蜢笼里不能再装了，再装蚱蜢就要闷死了。两只八哥也吃得饱饱的，太阳升得老高，该回家了。刚才捉蚱蜢、喂小八哥时忙到什么都扔到脑后，可一歇下来，又渴又饿，文山压在心里不敢说，生怕二叔仔说他添麻烦，下次不带他来。

二叔仔从自己以往的经历就知道文山肯定早就又渴又饿了，于是问道："小弟，肚子饿了、口渴了吧？"

文山只是点点头，他正担心不知还有没有力气走回家哩！

"走，咱们找山泉水喝，喝完再去摘野果吃。"一听到有野果摘，文山又精神十足了，紧跟着二叔仔往山谷低处走去。随着口哨的呼唤，大八哥也跟着。

很快就找到了一个水池，泉水从山上源源不断地渗流下来，流经一块大石后流到池里。水池的大小有井口那么大,不太深,水底是小石和沙,池水清澈见底,稍向下伸手就可捡到池底的小石。

文山学着二叔仔那样,用双手掬水来喝。清凉、甘甜的山泉水喝够了,接着再洗脸、洗脚。文山还睁大眼睛细看池里的角落,似乎在看池里有没有鱼虾。二叔仔猜到文山在找什么,因为他也有过这种体验,就说:"小弟,大人说过,水至清则无鱼,别找啦!"

为了摘野果,只见二叔仔把捕蜢网倒过来拿,一路左右开弓拨打乱草,避开荆棘,开出一条觅野果的路,照顾着文山往前走。那大八哥不擅长在山路上活动,就不时地飞到小树的顶上。在拨动乱草时偶尔也会飞起几只蚱蜢,二叔仔理也不理。文山不解其意,忍不住问:"你把蚱蜢赶出来,为什么不捉它们?"

"大人说,打草惊蛇,我打草是为了把蛇赶走,不是为了赶蚱蜢。"二叔仔解释道。

文山是"初出茅庐"的童孩,根本不懂得蛇的可怕,这么一说,他就想起卖蛇店里的蛇,顿时让他产生恐惧感,忍不住问:"如果遇到蛇,又赶它不走,怎么办?"

二叔仔:"听大人说,这时如果你戴着帽子,就把帽子拿下来悄悄把帽子盖住蛇的头部,然后赶快离开,若无帽子,把衣服脱下来盖住它也行。"

野草莓茎带刺,常生长在荆棘丛中。二叔仔终于找到一片野草莓,一边吃一边对文山说:"小弟,这些叫野草莓,青色的太生不好吃,橙黄色的不够熟有酸味,深红色的才算熟透了,很甜,不过要小心它的茎有刺。"

文山饥不择食,也有点好奇,不管生的、熟的都摘来就吃。于是,二叔仔的话在他口中得到印证:青的涩、橙黄的酸、深红的甜。二叔仔只拣熟的、小的吃,把大的留给文山。

两人吃了一轮野草莓后,又转移阵地向高一点的山上进发,来到一片山稔处。山稔长得矮,周围也没有多少杂草,不用担心有蛇,可以放心去吃。文山有了摘野草莓的经验,加上二叔仔的提示,他知道青的生,红的未熟透,黑的才是熟透的。熟透山稔的中间有条白色的芯,不能吃,必须先把芯挤出来再吃。

再往山上走,又有山杨梅。熟的野果的汁都呈紫红色,文山吃到整个嘴唇都变成紫红色。他很贪心,又吃又放进口袋里,浅色上衣的口袋渗出了紫红色的果汁。

两人吃够后就坐在树荫下休息，此时八哥又有点饿了，就把摘到的野草莓喂两只八哥。

"八哥是杂食动物，很喜欢吃水果，比如山楂、番石榴、榕树果……再往上爬，就有山楂和番石榴，不过要爬树才能摘到。"二叔仔对文山说道。

文山吃饱了野果，好奇的问题一个接一个，都希望从二叔仔那里得到答案。

文山："为什么这只大八哥还不会讲话？"

二叔仔："它才两三个月大，你看它的嘴角还有点白，头顶还未长羽簇，一般十个月大才会讲话。"

文山："二叔仔，你的八哥在哪里捉的，下次捉八哥时也带我去好吗？或者你帮我捉一只也好。"

二叔仔："八哥会在大树的树洞做窝，或者在山崖的峭壁打洞做窝。"

文山："你是怎么发现它的窝的？"

二叔仔："要发现八哥的窝，有两个时间。一是在筑巢时，它衔干草进洞筑巢，至少也要一两天，在这段时间可跟踪发现。发现目标以后，你就要计算时间：一个星期筑巢和产蛋，两个星期抱窝孵化。也就是说，当你发现八哥衔草做窝时，大约三个星期后就有小八哥孵出。一旦孵出幼鸟，亲鸟（公鸟、母鸟）就要捉虫喂仔，尤其在清早喂仔最频繁，这段时间也最容易发现鸟窝。记住：在八哥抱窝孵蛋、喂雏期间，你千万别好奇爬树去偷看它的鸟窝。一旦被亲鸟发现，它们往往弃窝离去，整窝鸟蛋或仔就会被废弃。"

文山："不看鸟窝，怎么知道幼鸟的大小？"

二叔仔："这要看亲鸟衔在嘴里的昆虫的大小，幼鸟不大时，它衔的虫小，虫的大半在嘴内，只有小半露出来；幼鸟较大时，亲鸟捉的虫也大，会把虫横着衔在嘴里飞回巢。这个时候你去掏窝捉幼鸟正是时候。"

二叔仔滔滔不绝地讲述捉八哥幼鸟的经验，文山听得津津有味，听着听着，他开始望着一棵大树发呆。谁知原来他正在想象呢，想象鸟窝就在那棵大树的洞里，洞里有母鸟在孵蛋；想象蛋孵出了幼鸟；只要在大树附近有鸟飞过，就想象它是树洞幼鸟的母亲捉虫回来喂仔；想象自己爬树去掏鸟窝……直到那只大八哥飞到他手上，隔着衣服用嘴啄他口袋里渗出的野草莓的汁，他才清醒过来。

二、鸟情在扩散

　　文山虽然在姐姐家仅仅住了三四个月，却从此就在这颗童真的心里埋下了爱鸟的情结。他的故乡毕竟也是农村，在屋前院后的树上、草地上也有很多鸟雀。尤其在候鸟迁徙的季节，树上、江河边、池塘里随处可见候鸟的踪影。天空也不时可见一队一队的大雁南飞，飞行时的队形有时像"人"字，有时像"一"字，呈"人"字时稍有不对称就像镰刀钩形。此时小孩子若看见，就会齐声向天空呼喊："禾镰钩，摆直！摆直！"如果碰巧看到由"人"字变为"一"字，小孩们就会发出得意的笑声。

　　在深秋初冬的季节，偶尔也有老鹰飞向村落，捕捉农家鸡来吃。老鹰喜欢在天空盘旋寻找猎物，一旦发现草地上或晒场里有鸡，它就会盘旋得越来越低，然后瞬间往鸡群里俯冲而下。这时孩子们只要看见，就会大声吆喝："老鹰抓鸡啦！老鹰抓鸡啦！"有时亦奏效，老鹰受惊扑个空；有时还是被老鹰抓走小鸡。

　　文山亲眼看见过惊险而精彩的场面：就在老鹰俯冲时，警觉的母鸡张开双翅并一声呼唤，让小鸡躲进翅下，逃过一劫；若有大公鸡在场，它还会跳起来搏击老鹰。

　　可怜那些迁徙的候鸟，迁徙到新的环境，毫无防护能力，任由人猎杀、网捕。当文山看到猎人拿着一串串被射杀的、一箩箩被网俘的候鸟，心里就十分难过，但又万般无奈。这些串起来的候鸟有的是野鸭，有的是水鸡，有的是鹭鸟，用箩筐装的是禾花雀，还有很多是不认识的候鸟。

　　在这样天时地利的环境中，随着文山年龄的增长，爱鸟的情结在他的心灵里不断发酵扩散。由于当地的留鸟中很少能见到八哥，于是文山童年时的八哥情就不知不觉地移向其他小鸟。其中麻雀、白眼圈（学名暗绿绣眼）、铁嘴禾雀、知时喳（学名鹊鸲）、画眉等都在当地活动和繁衍，这些小鸟对文山都有很大的吸引力。

　　每逢夏收和秋收季节，各家都把从田里收割的稻谷摊开，放在有阳光的地面上晒干，然后进仓。晒稻谷要有专人看守，看守不是怕人偷，而是不让禽畜和野鸟来偷吃。以前村里养禽畜不是圈养的，而是随意放养的，家猪、家禽

（鸡、鸭、鹅）喜欢生吃稻谷，野鸟中的麻雀、禾雀对稻谷也感兴趣。

看守稻谷一般由老人和小孩负责，他们坐着小凳子，手里拿着竹竿守在树荫底下，看到有偷吃的就赶。这个岗位，对于天真活泼的小孩子来说，确实是一种闷差事。

可是，文山却乐意接受。因为他最喜欢看成群麻雀来吃稻谷。麻雀在当地是与人距离最近的留鸟，它们十分熟悉人们的行为。每逢来晒场偷吃稻谷时，先是过来一两只，边吃边看，侦察一会确认安全后，通过"叽叽喳喳"的叫声呼唤，其余的就从四面八方飞下，用最快的速度啄食稻谷。若此时看谷人一声吆喝，或是手拿竹竿一扬，就成群结队立刻飞走，最先飞的一定是带头来的那一两只。

看到麻雀来吃稻谷，文山不但不赶走它们，反而手远离竹竿，侧身而坐，斜眼静看麻雀来食，大开方便之门。果然不负他所望，除了一群成鸟来啄食外，母鸟还会带上三几只幼鸟来，幼鸟扇动着翅膀，喳喳叫，总跟在母鸟左右，母鸟把稻谷咬去壳后喂幼鸟。群雀啄食的欢叫声有时也会引来一群铁嘴禾雀（又名禾谷雀）来凑热闹，这种场面给文山带来无比的欢乐。

说到禾谷雀，这种鸟比麻雀还要小，羽毛暗灰色。虽然这种小鸟不漂亮，但很容易驯养。偶尔在街边也见有人利用这种鸟"占卜卦"算命卖艺。

春夏之交时，是鸟雀繁殖的季节。每逢节假日，文山大清早就起来，徘徊在村边茂密的树下，实践着从二叔仔那里学来的寻觅鸟窝的方法，全神贯注地注视着周围的一切。

果然目标出现了，只见两只禾谷雀各叼着一条很长的干草，一前一后地飞过。文山立刻跟踪，小鸟毫无隐蔽地直飞鸟窝。这种鸟虽小，但窝特别大，很容易被发现。细看它做的窝，巧妙地利用树枝固定，编制得精致圆滑，像一个排球那样大，进出口偏上侧开。这样的布局，遇到刮风下雨都可顶住。这种鸟尽管做窝时容易被发现，但却比很多鸟都聪明。自然界大多数筑明巢的鸟窝都像碗状，遇到刮风下雨，母鸟只好伏巢护窝，有时也免不了会使鸟蛋和幼鸟掉下来。

发现了禾谷雀的窝，文山很高兴，接下来算好时间，等时间一到去捉幼鸟就是了。

用跟踪的方法捉多种鸟的幼鸟屡屡得手，但文山没想到用这种方法来捕捉麻雀却行不通。捉麻雀幼鸟竟要用到数学，这又该从哪里说起呢？

文山的家族也算是一个较大的家族，曾祖父（俗称太公）名下有很多房子，其中有座碉楼，楼高四层半，最顶层是平顶的天台，耀眼出众。在抗日战争时期，日本的飞机常轰炸我国的大后方，当时政府下令，要把碉楼拆去一层半，留下三层。于是大伙匆匆忙忙地把有天台的碉楼拆剩三层，顶层是金字塔式盖瓦，瓦顶下面留下没一个人高的阁层，在阁层内堆放一些窗框砖瓦之类的杂物。虽然碉楼拆矮了，但族人还是担心被飞机轰炸，因此碉楼各层基本上空着没用。那最高的阁层正好被麻雀用来做窝繁衍，文山和孩子们想捕捉麻雀，于是就打上了阁层的主意。

麻雀是智商较高的鸟，尤其是家麻雀，长期与人共处一个屋檐下，对人类的习性十分熟悉。在育雏季节，麻雀对进入碉楼的人非常警觉，只要有人进入，亲鸟（公鸟、母鸟的统称）就不飞入，待人出来后再飞入阁层喂雏。

有一次，文山约了一位同学到碉楼的阁层捉麻雀的幼鸟。阁层很矮，光线又暗，要接近瓦檐必须弯着腰爬行摸索，摸了半天也找不着鸟窝，只有等母鸟进窝喂雏时发出声音才好找。两人商量后，为了忽悠亲鸟，一个人先出去，留一个人在阁层守候观察。岂料守到憋不住了亲鸟仍不进去，只好作罢。可是，人一出来不久，母鸟就飞进阁层喂仔了。

文山二人回去把这事跟几个好玩鸟的同学说了，有的同学夸赞麻雀聪明，有的同学不太相信，于是一伙人相约一同到碉楼阁层捉幼鸟。这伙顽童要和麻雀玩一玩数字的游戏：先进去三个人，其余的人躲在隐蔽处观察，过一会出来两个，留一个在阁层。良久，亲鸟也不飞进去，它们有足够的耐心，等待到第三个人出来后才叼着虫飞进去——有意思，玩下去！

第二次进去四个人，先出来三个，留下一个人，亲鸟还是不理睬。没有耐心的顽童接着玩第三次：进去五个人，先出来四个，留下一个，麻雀仍然不上当……

"我的天哪！麻雀竟能算数，五以内的加减都会算。我四岁的妹妹，教她数一、二、三、四、五都很难。"有一个同学惊诧地说。

这么一说，大伙更是兴致勃勃地要玩下去。第四次，六个人全部进去，过一会儿才依次出来五个，只留文山一个人在阁层。文山心里想：如果这次还要不过亲鸟，只好再多找些人来，我就不相信忽悠不了麻雀。

果然，亲鸟以为全部人都离开了碉楼，放心地飞进阁层喂雏。可能顽童们与亲鸟游戏玩得久，幼鸟饿极了，嗷嗷的叫声特别大。文山撞个正着，准确地确认了窝的位置，并在亲鸟喂雏后飞走的空隙偷看到了幼鸟，共有四只，还很小，大约出壳没几天。文山终于松了一口气，闷热得满头大汗。

"文山，看到了鸟窝了吗？"小伙伴着急地问道。

"看到了，一共有四只。"文山回道。

"为什么不把幼鸟捉出来？"小伙伴又问道。

"幼鸟还很小，未长针状毛。太小捉来难养，太大好养但不好调教，一般待幼鸟长出针状毛时（约十天）才捉的。"文山解释道。

这个人鸟之间的数字游戏，顽童们终于胜了。收获一窝麻雀幼鸟不在话下，也懂得鸟类是"心中有数"的。麻雀能懂得五以内的算法，算是智商较高的鸟雀了。

在读小学的文山，对从二叔仔那里学来的寻觅鸟窝，捕捉幼鸟，捞鱼虾、抓蚱蜢养育幼鸟的知识，不但能活学活用，而且还有所创新。

文山跟踪母鸟衔虫喂雏时发现，麻雀、鹊鸲经常到粪坑里啄蛆来喂仔，蛆就是苍蝇的幼虫。这对文山有所启发，用蛆来喂，比起用虾和蜢省事，不用去头去翼。养过幼鸟的人曾告诉他，喂蛆幼鸟长得快。但从粪坑里捞蛆太脏了，行不通，于是他想到了蜂巢里的蛆状幼虫。蜂的成长过程是由卵变幼虫，由幼虫变蛹，最后由蛹发育成为成虫——蜂，这个过程与苍蝇是相同的。

到哪里去找蜂呢？蜜蜂多是家养的，野蜜蜂又多在树洞做巢，难以获取。对于农村的顽童，找野黄蜂不是太难的事。在郊外树木上、杂草丛中都能找到野蜂。农村的顽童一般都猎取过野蜂巢，也曾被野蜂蛰过，文山亦不例外。

有一次文山掏到一窝绣眼的幼鸟，四只幼鸟长了针状毛，能睁开眼睛，十分可爱。为了能让幼鸟快些长大，唯有冒险去猎取野蜂巢。经过一番搜索，文山终于在草丛中的小竹树上发现一窝小野蜂，野蜂个子小，比蜜蜂还小，体形比蜜蜂稍长，蜂巢像一只鞋的底，人们把这种小蜂叫作鞋底蜂。

文山高兴起来，胆子也大了，根本不把小野蜂放在眼里，折上一根小树枝把野蜂一赶就伸手轻易地把蜂巢拿下，却没料到一群护巢的蜂扑面而来，他本能地把蜂巢用力一扔，立刻用双手护着脸。那窝无巢可归的蜂愤怒地往他的耳朵、脖子和手上蛰，疼得他头晕眼花，六神无主，好一阵子才清醒过来。只见双手当即生起又红又肿的一片片小疙瘩，摸摸耳朵和脖子也是这样，痛中带痒，非常难受。尽管这样，文山还是忍痛去捡回那蜂巢。好家伙！居然还有几只野蜂在护巢。疼痛激发了他的报复之心，于是他折了一根树枝把那几只护巢蜂打死才解恨。幸好鞋底蜂的毒性不大，往蜂蜇处涂上口水，过一会儿就慢慢消肿了。

即日文山就用蜂幼虫、蜂蛹喂幼鸟，幼鸟十分喜欢吃，经过几天的观察，幼鸟确实长得又快又肥，是用其他饲料喂养无法相比的。从此，每当他获得幼鸟就想去找野蜂巢。常遇到的野蜂有两种，除了上述的鞋底蜂外，还有一种较大的蜂，这种蜂的身体颜色呈黄黑色，蜂巢像农家盛酒的瓦罐，俗名叫"罐仔蜂"，喜欢在树上筑巢，蜂群大，攻击性、毒性厉害。如果被这种蜂蜇中手，手就会肿得不能握拳；如果蜇中脸部，就会肿得连眼睛都难睁开，所以人们遇到这种蜂都避而远之。

由于这种蜂的巢大，而且容易被发现，对文山的诱惑太大了。不过被蜂蜇过也知道蜂的厉害，所以一旦发现罐仔蜂，文山也不会轻举妄动了，晓得约上三两个有勇气、有经验的顽童一起去猎取。

第一次猎取罐仔蜂，又惊又喜，够刺激，印象深刻。那回蜂巢是筑在较高的树上，三个小孩预先观察了地形，以便做好准备。蜂最怕烟火，一遇到烟火就四散逃逸顾不得蜇人了。他们就在蜂巢的下面操作，用一根长竹竿一端缚一捆干湿混合的松树叶，这样的引火料最容易起烟又耐烧。点着火后一边摇晃一边向上举，直捅到接近蜂巢处，蜂巢里的群蜂不是被熏走就是被烧死。经过一阵子"火烧赤壁"，终于战胜了凶毒的野蜂。地下留下一片死蜂，一个伙伴迅速爬上树小心翼翼地摘下蜂巢。

对这个过程，文山有疑问："为什么点着火之后，要摇晃着向上捅？"

"如果直接往蜂巢里捅，群蜂会顺着竹竿下来蜇人。摇晃是为了制造一层大烟雾，封住群蜂往下冲的视线。还要注意烟火一停就要迅速摘下蜂巢离开，不然过些时候跑掉的蜂又会回巢，那就麻烦了。"有经验的小孩解释说。

三个熊孩子高兴地捧摸着瓦罐状的蜂巢，掂量一下有两三斤重。蜂巢的结构十分精致，层次分明，有的层是幼虫，有的层是蛹，有的层是仍不会飞的成虫。因为蜂巢里装的是活的蜂幼虫，不能保存多日，除了留给幼鸟食用的部分，剩下的幼虫三个小孩即时享用。你一个，我一个，他一个，动作熟练到像鸡啄

米,先挑最可口的蛹吃,蛹吃完了就吃幼虫,最后连成虫也吃。只要还不会飞,不会蜇人,把翅一拔就往口里送,津津有味。那时只觉得,猎取蜂巢真好,人鸟共享用,值得冒险。

为了养鸟、捕鸟,文山又自己学会了做鸟笼,一种笼是养鸟用的,另一种是用来诱捕成鸟的。捕鸟笼由好几个分格构成,其中一格关着一只鸟,叫作鸟媒,是用来引诱其他野鸟的,其余的分格都设有一个小机关,野鸟能进不能出。

此外,文山还学会了夜间捕野鸟,绝大多数的鸟夜晚是看不见东西的,小鸟晚上多栖息在低处的树枝上。用手电筒照明发现小鸟后,人站在小台或小凳子上,直接用手抓就可捉到。

三、父亲也爱鸟

文山的父亲也喜欢小鸟,尤其是绣眼鸟,这种鸟干净文雅,又会唱,由小鸟养大的或是诱捕到的成鸟都用笼养起来,挂在他办公室里。父亲的职业是律师,办公室设在池塘边的小屋(叫作塘亭),笼鸟供来访的客人观赏,亦是一种雅趣。这无形中是对文山捕鸟、养鸟的激励。

绣眼鸟

文山为投父亲所好,每逢看到绣眼鸟叼虫喂雏,总是紧跟其后,都能成功地捉到幼鸟。可是有一次,不但不能捉到绣眼鸟的幼鸟,文山还发现了一个奇怪的现象:两只绣眼亲鸟所喂的幼鸟已离窝,这只幼鸟并不是绣眼鸟,而是比亲鸟大几倍的幼鸟。幼鸟羽毛的颜色有点像绣眼,呈暗绿色,腹部以白色为主。只见它伏在枝头上,扇动着翅膀,张开大嘴喳喳叫,等待着"养父母"喂食。由于它的食量大,两只亲鸟来回穿梭叼虫喂它,幼鸟十分享用。

为什么看不到这只大幼鸟的亲鸟?为什么绣眼鸟喂的不是自己的幼鸟?难道是大幼鸟的亲鸟死掉或被人抓去,绣眼鸟同情它,萌发出爱心?一系列的疑惑在文山脑海里翻腾。

　　看着眼前有趣的画面，在疑惑中文山又联想起几年前的事：隔壁有个大婶刚生下小孩后就病了，婴儿没有奶吃。当年在贫困的农村，农民根本没钱买奶粉，只能给婴儿喂粥水，使得孩子十分瘦弱。刚好村中有两位正处哺乳期的母亲，她们出于爱心，不时过来用母乳喂哺这个可怜的婴儿。

　　难道小鸟与人一样对同类有同情心？可是在自然界中，文山看到的是弱肉强食，猛禽（鹰、山伯劳等）捕食小鸟。小鸟喂另类的大幼鸟他仅是第一次看到，真是百思不得其解。

　　在父亲的影响下，文山恋鸟成痴，废寝忘食是常有的事，只要获得幼鸟，他就成了专职的"鸟保姆"，放学在路上边走边捉蚱蜢，回到家就拿上网去捞鱼虾，周末到野郊猎蜂巢……

　　为了给幼鸟喂食，文山有时还会把一窝绣眼幼鸟放在书包里带回学校（以前小学生的书包是用藤织成的小箱子），下课时也让同学们喂喂幼鸟。同学们无不羡慕，又有哪个小孩不爱小鸟呢？

　　第一次被老师发现带鸟上学，是在检查卫生时，当时没闹出笑话，老师也没说什么。第二次是在班主任授课时，文山从书包里拿文具触动了幼鸟，它们以为要喂食就发出"呀呀"的叫声。老师根据叫声很快找到了文山的书包，拿出书包打开，顺手捧出一窝幼鸟。只见那几只幼鸟伸长脖子，张着黄色的小嘴嗷嗷叫，肃静的课堂顿时一片笑声，使得文山又是红脸又是冒汗。文山用恳求的眼神望着老师，仿佛在说：惩罚我好了，放过小鸟吧！老师没有笑，把书包和幼鸟放回原处，也没有当众批评文山，因为文山是一个又聪明又乖巧的孩子，深受班主任的喜爱。尽管这样收场，但文山从班主任严肃的面孔和眼神中领会到，这是无声的批评。自己已是六年级的学生，就快要升初中了，心灵有所触动，知道玩鸟不能太过分，要收敛些了。

　　从此文山玩鸟有所收敛，很少去捉幼鸟。有时也会陪父亲一起欣赏绣眼鸟的鸣唱，文山能够吹口哨逗绣眼鸟鸣唱，这让父亲很高兴。正当父亲专注于欣赏绣眼鸟唱歌之际，文山把绣眼鸟喂雏之谜告诉父亲，寻求解密。父亲微笑着说："你太有眼福了，这种现象我几十岁了也只看到过两三回。那只大幼鸟是杜鹃，杜鹃母鸟经常把蛋产到其他小鸟的鸟窝里，让其他小鸟的亲鸟代孵代喂。"

　　"那些亲鸟认不出来吗？为什么还喂它？"文山不解地问道。

"杜鹃的蛋孵化期较短,一旦幼鸟出壳,它还会本能地把窝内的蛋或已出壳的'义兄弟'挤出窝外,独享其成。处于育雏的动物,出于母爱,往往明知不是同类也会喂养的。前些年村里有个猎人,上山打猎时捡回一只雏豹,让家里正在育雏的母狗喂奶,母狗也接受。可见,绣眼鸟喂杜鹃幼鸟也是出于母爱。有句成语叫鸠占鹊巢,看来杜鹃比鸠更聪明,不但占巢,而且幼鸟还能享受其母爱。"听父亲的一席话,文山茅塞顿开,感到鸟类世界十分丰富多彩。

文山小学毕业后,继续读中学、大学,大学毕业出来教书,在这几十年的漫长日子里,无论是在时间上还是在空间上,都不具备养鸟、玩鸟的条件,就这样,文山的恋鸟情结随着岁月的流逝在沉淀。

第二章　我的百鸟园

在园中有一百多种鸟雀，有的在空中飞翔，树上做窝；有的在水中游荡，捕鱼为食；有的在地上奔走，占地为王；有的困于笼中，安分守己；有的在嗷嗷叫，张嘴待喂……恰似一个鸟类小王国。

一、筹建的构思

时光像夜空的流星，一刹那就划过了几十年的光景。我已到花甲之年，离开了办公室，走下了讲堂，走出了实验室，一切又回归简单和宁静。

每当我在公园散步，或回故乡省亲，不免叹息：鸟语花香今何在？随着经济的发展，生态环境也遭到了污染和破坏，更有无良的鸟贩，为了挣钱对野鸟滥捕滥杀。可怜的鸟雀，为了生存，只得远离人们苟且偷生。在城市的公园里，树木虽多，却难见鸟踪，然而在花鸟市场中，有大量的鸟被贩卖，小到蜂鸟、相思鸟，大到天鹅、孔雀等，其中候鸟特别多。

被贩卖的鸟大多数被做成佳肴吃掉，据有关部门统计，即使养鸟观赏，鸟的成活率也仅有25%。这是因为在捕捉与贩卖的过程中，容易引起鸟雀应激死亡。如果这些现象任其发展，不加以制止，势必造成鸟类在地球上逐渐消失，自然环境遭受破坏。

鸟是人类的朋友，是大自然之骄子，是天地间漂亮的生灵，是保护大自然的天将。相信人们都能体会到：没有鸟的山就缺少灵性，存在雀之林即充满生

机。鸟的灵性表现在哪里呢？请看下面几个实例。

乌鸦水灾报警。

听说广州近郊有个乌鸦村，提起乌鸦，有些人对它们有偏见，认为乌鸦出现是不祥之兆。可是从另一角度思考，乌鸦也是在预报灾难。乌鸦村之所以崇敬乌鸦，是因为它们曾为村里的人们预警山洪的爆发，从而让人们躲过了一次劫难，所以那个村庄的村民特别欢迎乌鸦（报纸也报道过这个事例）。

鸟类地震预警。

2017年8月8日21时19分，四川省阿坝州九寨沟县发生7.0级地震。约在地震前3分钟，附近成千上万的鸟疯狂起飞逃离，给人们报警。

野鸭预警山洪。

这是我亲身经历的故事。故事发生在1970年夏天，当时处于"文化大革命"的后期，全国的大学均未招生复课，我被下放到广东省曲江县（今韶关曲江区）。当时由于办"五七"干校的需要，要到"原始森林"区砍伐一批木材。落脚处是干校的一个点，住有几个人，在简易住房旁的小河（河面宽十多米）里养着两群鸭，一群是家鸭，一群是野鸭。

有一天早上，我们砍伐队的几个人正在河里洗脸漱口。由于前一天晚上下了一场大雨，靠近岸边的河水有些混浊，于是大家都到河中央处洗漱，水浅处还不到膝盖。突然间那群野鸭受惊向岸边飞扑过来，接着家鸭跟上。正在洗脸的我警觉地扫视周围，并未发现有什么"敌情"，却奇妙地感到一种"寒气"袭来，但不见风吹草动，隐约听见山沟那边由远至近传来水流冲击的声音……"啊！山洪来了！山洪来了！"随着惊叫声起，砍伐队员们像鸭子一样迅速奔向河岸。只见第一个洪峰约一米高，汹涌而来。有一个队员反应慢了点，被洪峰打过，水已淹到胸口，幸好岸上的一位同伴迅速把一根长竹竿伸向他，正当把他拖到岸边时，第二个洪峰又涌了过来，低一些的河岸已被淹没。

这几件事说明鸟类对自然灾难的感知比人类灵敏，由此可见，保护鸟类就是保护大自然，也是保护人类自身。

可是，与人类生存息息相关的鸟类却不断遭到摧残，一种想拯救它们的冲动常常在我心中起伏。在回忆年少时的爱鸟、恋鸟情结时，我也在反思，掏鸟窝、养幼鸟、诱捕和强捕成鸟，最后把鸟笼养起来，这样做，不但鸟的死亡率高，而且令鸟失去自由，不能再繁衍后代，不能再为大自然服务。当时年幼无知，只觉得好玩，现在回想起来，这样做，实际上是对鸟的摧残。自认作为鸟的朋友的我，随着年龄渐长，爱鸟、恋鸟的情结，经过发酵、扩散和沉淀，开始升华了。

怎样才能保护鸟类呢？怎样才能激发人们对鸟的爱心呢？对于前一个问题，通过政府立法执法，会收到较好的效果。但第二个问题属于意识形态方面，必须另辟蹊径，才能收效。已退休的我自问：爱鸟，我能够做些什么呢？怎样做才能够有社会意义？

为此，我走出去，与玩鸟的人交朋友，拜访养鸟专业户，广泛接触鸟贩，到旅游景点的鸟园（如到广州白云山上的鸣春谷、香港海洋公园的鸟园等）参观考察，还阅读有关鸟类的书，一有空就到野外观鸟。自己又重操童年时的"旧业"，养起鸟来，在家里专门腾出一个房间用于养笼鸟和试验鸟的繁殖。

这次养鸟的目的和规模，与童年时大不相同了，童年养鸟是出于兴趣和好玩，现在除了兴趣和观赏外，还带有研究的性质，又要考虑到社会意义。这样，养鸟的规模必然要大得多，需要收买各种各样的鸟，一类是观赏鸟，一类是繁殖鸟。

为了研究，我除了买熟悉的鸟外，还专门买不熟悉的、羽色漂亮的鸟。有时一下子买多了，鸟笼不够，只好一个笼装两三种不同类的鸟。没想到野鸟虽有合群性，但也有好斗性，一天下来，不是强壮的打死弱小的，就是两败俱伤，损失不少。另外，由于自己对鸟类的了解有限，有时新买来的鸟不知道它的名称，也不晓得它吃什么，鸟贩也说不出所以然，翻书查资料也得有个过程。只能眼巴巴地看着有的鸟被饿死或应激绝食而死。看着那些死去的鸟，我心痛不已，但也渐渐摸索出了一点经验教训。凡是嘴长、嘴尖的，就喂黄粉虫、鸡蛋混合鸡饲料，用开水调成糊状，并逐步由湿料过渡到干料；凡是嘴短而粗的鸟，就喂谷类，如稻谷、高粱粟、玉米、瓜子等。一般来说，两类鸟都吃水果。

鸟的人工繁殖我从未试过，虽然小时候也看过家里的母鸡孵蛋和带小鸡的全过程。难道小鸟也能像家鸡那样，在人为的条件下去交配、做窝、生蛋、孵蛋、喂雏？为了了解小鸟的繁殖过程，我特地去了一个养鸟的朋友那里参观学习。

朋友那里养着各种繁殖鸟，多是文鸟类的鸟，也有较大的鹦鹉。这些生产鸟有的在做窝，有的在抱窝孵蛋，有的在喂雏，各忙各的。我观察发现，这些

生产鸟都是吃谷物类的。朋友一边带我参观一边热情地讲解:"这些生产鸟人工繁殖已经有很长的历史,在野外是很难见到了。现在我们在野外看到的各种鸟,如八哥、绣眼鸟、麻雀等,目前不能人工繁殖,也没有人去繁殖。人工繁殖鸟的雌雄配对是很关键的环节,首先要分清雌雄,其次是种鸟的选择,种鸟身体要健壮,不能近亲,鸟龄不能太大。鸟的食谱也很讲究,品种要多样,营养要丰富,还要适当添加微量矿物质之类……"

这次参观让我大开眼界,我不但有信心繁殖些传统的生产鸟,也有了搞野鸟繁殖的想法。参观完毕,我顺便买了好几种鸟,以便回家试行繁殖。

在屋子里养笼鸟、研究小鸟的繁殖还可以,但想养更多种类的鸟就有很多局限性了,既缺少阳光,又无树木,更无鸟儿飞翔的空间。通过考察实践,我的脑海逐渐萌生出要筹办一个鸟类王国的设想。构思中的鸟类王国,其中的鸟的种类要多(至少一百种左右),除笼鸟外还要做一个大鸟笼(鸟区),像白云山鸣春谷那样,鸟雀有很大的飞翔空间,游人可进内参观。在鸟园中不但要有传统鸟的繁殖,还要搞野鸟的繁殖,再搞鸟类的表演。总之,别的鸟园有的,我也要有,但不能满足于此,还要有创新,办得有特色,办得有社会意义。通过考察、实践试验,我终于摸索出一个路子——筹办"百鸟园"。

第一个百鸟园在广州南湖游乐园开办,刚开办,规模并不大,向游客展示几十笼观赏鸟或鸟箱繁殖,颇受游客欢迎。游客喜欢近距离看鸟,然而被装进鸟笼的野鸟并不欢迎游客。因为这些笼鸟是买进来的野鸟成鸟,生来就怕人,两三天下来,好些笼鸟撞笼碰到头破血流而死。如果把这些怕人的笼鸟高高挂起,又影响观赏性,实在无奈。

更惨的是蛇鼠食鸟,晚上老鼠把竹制的鸟笼咬开捉鸟吃,甚至打地洞越进鸟区吃鸟,蛇也跟着进去吃鸟。此外,鸟区里面的鸟以强欺弱,大鸟吃小鸟时有发生,还有的鸟会被游客偷走……鸟的损耗防不胜防。

鸟类的世界本来就丰富多彩,办鸟园涉及面更广,当然会遇到很多问题,唯有在经营百鸟园的过程中不断学习。我把生物学的知识用于养鸟和鸟的繁殖,用于防治鸟的天敌;用心理学的知识研究鸟的行为,分析游客玩鸟、观鸟的行为;用运筹学来提高鸟的繁殖率……为了减少鸟的病死率,向兽医请教,翻阅有关的书刊。

我从创建第一个百鸟园开始，不断改进完善，克服困难，继续发展推广。主要在广东珠江三角洲地区，远至湖南衡山，先后开办了十五个百鸟园。百鸟园模式的大致布局分为几个部分：一是名贵笼鸟区，例如会讲话的鹦鹉、鹩哥以及会鸣唱的鸟；二是封闭式的立体鸟区，高三到五米，面积一千平方米到数千平方米不等，里面有树木、草地，有的还有池塘；三是繁殖房，供鸟雀繁衍后代，补充鸟的损耗；四是半开放式鸟区，受过训的鸟可以离开鸟区到菜地捉虫，也可以与人共餐，按指令归笼；五是鸟类表演区，有技艺表演，但着重鸟类的生态表演。所谓生态表演，就是鸟的本能行为在众目睽睽之下的再现，如鸬鹚捉鱼表演等。

人鸟共乐

游客可进百鸟园与鸟零距离接触，喂鸟、与鸟合照、逗鸟讲话，与鸟交朋友，人鸟共乐。在繁殖房可观看多种鸟抱窝、育雏的过程；在鸟区可看到有些鸟在树上筑巢、抱窝、喂雏；还可尝试人鸟共餐、看鸟类表演、与鸟互动，例如人与鹭鸟共舞。

百鸟园经常把一批批在死亡线上挣扎的野鸟从鸟贩手里买回来（说得确切一点是拯救），再经过调养和调教，输送到鸟区给人们观赏与共乐。几年来，十五个百鸟园接待的游客超过一百万人次。

总的来说,我开办的百鸟园,是集鸟类保护、研究、养殖、旅游观光、科普教育于一体,一个多种鸟类和平共处的生态家园,可缩短人与鸟的距离,激发人对鸟的亲近之情和爱心。

百鸟园的模式很受人们欢迎,报社、电视台等多种媒体都曾做过报道,并给予高度的评价。例如,香港《东方日报》以"穗退休教授变身鸟王"为题做了报道;《人民日报》以"教授'鸟王'"为题做了详细报道;珠江电视台也在《相聚珠江》栏目介绍了百鸟园,还有其他电视台也做了报道。

二、 鸟类表演

百鸟园有两种不同性质的鸟类表演,一种是鹦鹉的技艺表演,另一种是几种不同种类的鸟生态表演。鹦鹉在鸟类分类学上属鹦形目,世界上约有350个品种,大部分原产于赤道附近的热带雨林,现在绝大部分已是珍稀濒危物种。在中国原产有六种,形体不是很大,也不怎么名贵。有些品种不但濒危,现在是否存在仍待考察。

鹦鹉羽色鲜艳美丽,体态动作优美,鸣声雄亮,可以说是大自然赐给人类欣赏的美神,尤其是金刚鹦鹉,美姿出众。鹦鹉属攀禽,模仿能力强,经驯养可学会人语,善于表演技艺,又容易与人们沟通,易于驯化,易于人工繁殖,因此深受人们的喜爱,现在作为一种宠物已进入千家万户。在动物园等旅游景点,鹦鹉很受欢迎。

鸟王与金刚鹦鹉

鹦鹉技艺表演

参与技艺表演的主要有两种鹦鹉，一种是葵花鹦鹉，主要分布在澳大利亚、新西兰、新几内亚，喜欢成群活动，以植物的果实、种子、嫩芽等为食，繁殖时将巢营于树洞里；另一种是大绯胸鹦鹉，亦称鹦哥，分布于我国四川、云南、西藏等地区，嘴巴大而红（雌鸟嘴黑色），翅和背以绿色为主，沾染一些黄色，有天蓝色的尾巴，体形较大（略小于葵花鹦鹉）。

鹦鹉的两脚似手，攀爬和抓东西都十分灵活，嘴大而有力，像一把尖嘴铁钳，嘴巴有时亦当手用。由于具有这种优势，驯鸟师就训练它们来表演技艺。

有一次记者与鸟王坐在一起看鹦鹉技艺表演，一边看一边聊天，开始的节目是虎皮鹦鹉开飞机、开火车。只见那只小虎皮鹦鹉飞落到飞机的驾驶座（在那里吃东西），飞机就能在台面上滑行打转。

记者："这很简单，鸟一飞落就会触动开关，电动的飞机自然会动。"

鸟王："对的，开火车也是同样的原理。"

第二个节目是葵花鹦鹉升旗、打水。那只大葵花鹦鹉站着用嘴巴咬住绳子一下一下地往下拉，用爪配合，那小红旗就一下一下地上升。同理，只要把吊着小木桶的绳一下一下往上拉，木桶就慢慢地被拉上来。

记者："鹦鹉的嘴巴真顶用，相当于一只手。"

鸟王："鹦鹉的嘴平时也闲不下来的，总是要找东西咬，只要稍加训练就可以。你看它一做完，驯鸟师随即把东西塞给它吃。它为了吃，就会拉绳子。"

第三个节目，鹦鹉骑自行车。鹦鹉用嘴巴咬住车把手，用两只脚轮翻踏着带动车轮，真是腿、爪、嘴并用，很是吃力。

记者："这个技艺难度大很多了，只有气力大的葵花鹦鹉才能做到。"

鸟王："对，训练的时间也长很多，手把'手'地教的，也是依靠食物的引诱来逗它表演的，这个车的道具也不容易做呀！"

第四个节目，走钢丝。钢丝高架起来，大绯胸鹦鹉必须攀上梯子，走过钢丝后从另一个梯子下来。

记者："这个节目有一点看头，鹦鹉以嘴代手，咬住梯子上一条横梁，双脚跟着踏上，一步一步地攀，有点像独臂蜘蛛侠。走钢丝时扭扭捏捏，像少女走

平衡木。"

鸟王:"你看,走完钢丝仍不肯下来,因为下的动作比攀着上要难,驯鸟师给了东西吃才肯下来哩!"

第五个节目,鹦鹉摘果。野生的鹦鹉喜欢吃水果,无论是浆果还是实坚果都喜欢吃,吃半饱时就叼上一个玩,玩腻了才吃。鹦鹉的这种嗜好无意中就起到传播物种的作用。

鸟王:"鹦鹉摘果是一种本能行为,容易训练,它把挂在高处的塑料水果叼到驯鸟师手上,驯鸟师就用食物换下它的'水果'。稍加训练,它就能把游客手中拿着的人民币叼走,然后叼到驯鸟师手中换来食物。只要它还未吃饱,就可重复多次。对这种表演,游客非常喜欢,现场总有一阵阵嬉哄声。有个别游客会故意做一下小动作,待鹦鹉要叼的时候手一闪躲开,这样,鹦鹉叼钱动作受阻,下一次就不会再去他那里叼钱了。"

鹦鹉从鸟王孙子手上叼走钱(左二为鸟后)

记者:"这个节目算是最刺激、最有观赏性的啦!"

鸟王:"对于叼钱的表演,我不时地会听到游客在议论,认为这是一种很妙的敛财手段。我听了心里有些歉意，想起了在香港海洋公园看鹦鹉叼钱表演时，表演者竟然能令鹦鹉无误地又把钱叼去还给递钱的游客。"

记者："那你为什么不学他们，也把钱还给游客？"

鸟王："我驯鸟暂时还达不到那样的水平，所以每次叼钱表演完毕，都会让游客到台上领回被叼走的钱，但碍于面子，游客都没有去拿回。"

鹦鹉技艺表演完毕，接下来是鸟类生态表演。如果说技艺表演是人为地利用条件反射的原理，再根据鸟自身的条件，训练鸟去完成人所希望的表演动作（有强加性），那么生态表演则是依据鸟的本能行为（没有违反鸟的意愿），加以适当训练，令它们在游客众目睽睽下与大声喝彩声中展示"英雄本色"。

椋鸟捉虫

生态表演的第一个节目是"椋鸟捉虫"（八哥、花鹩哥、丝光椋鸟、红嘴椋鸟等鸟都属椋鸟科）。工作人员把几十盆青菜和橘子盆栽搬放到台上、台下，接着又把预先放在表演台附近的鸟笼打开。三个笼的鸟雀一窝蜂似的涌出来，飞跳到种着果、菜的盆里，在菜叶、果叶中翻来翻去，找虫啄食。叽喳声一片，恰似秋风扫落叶。仅两三分钟，群鸟就把虫啄得一干二净（其实盆栽的青菜、果树里没有多少虫可捉，为了表演效果，人为地预先撒了些黄粉虫在盆子里）。

鸟儿完成表演后，驯鸟师用铃声发出归笼信号，鸟雀就争先恐后地进笼了，要知道，笼里已放好吃的食物了。当然，也会有几只自由散漫的鸟迟迟不肯进笼。

鸟王问记者："看了椋鸟捉虫表演，你觉得怎样？"

记者："表演的观赏性一般，却反映出你驯鸟有素，也让游客看到鸟儿有益于农作物。"

鸟王："刚才是模拟捉虫表演，也有实战的时候。鸟园种有蔬菜，还种有木瓜、芒果、蒲桃等，如果发现菜有青虫、果树有果蝇，我们不喷农药，而是把鸟带来，开笼放鸟捉虫，效果很好，也有不少游客在场观看。虽然实战捉虫与在表演台上表演都只是几分钟，但驯鸟却要花上半年的工夫了。"

记者："那几只不肯归笼的鸟会飞走吗？"

鸟王："不会的，椋鸟有合群性，到了黄昏它们就会自动归笼了。"

鸬鹚捕鱼

第二个节目是"鸬鹚捕鱼"。这个表演不同于鸬鹚在池塘、江河捉鱼,主要表演鸬鹚在水下的捉鱼情景。

在水深一米多的大水族箱里,游弋着几种鱼儿,有鳞鱼、罗非鱼、彩色锦鲤等,面向观众的一面是透明的,水清澈见底。表演时间快到了,游客早已挤满四周。有的观众在欣赏水族箱里来回穿梭的鱼儿,大多数观众的视线则在寻找表演主角鸬鹚。"你们看,鸬鹚来了!"有一位游客喜叫着。人们顺着他手指的方向看去,只见在不远处,在驯鸟师的带领下,两只鸬鹚蹒跚地走着,笨拙地在跳着"慢四步",它们哪里晓得游客们的心里早已奏起"快三步"的乐曲。有的观众甚至怀疑:活蹦乱跳的鱼儿怎么会成为蠢笨的鸬鹚的口中餐?那就等着瞧吧!

两只鸬鹚飞上水族箱的顶上,隔着铁网来回走动,同时俯视搜索铁网下水里的鱼儿。水中鱼儿似乎感到大难临头,一味往池底游。此时,鸬鹚、观众

鸬鹚(张九能摄)

（包括记者在内）的兴奋度都在升温。

表演开始，一声哨响，铁网拉开，两只鸬鹚"扑通"一声跳下水，伸长脖子，紧收尾翅，用力划着双脚。那带钩的大嘴长在长脖子上，恰似水浒传徐宁那支带钩的金枪，直追着水中的游鱼。在节奏轻快的音乐声中，两只鸬鹚你一条鱼，我一条鱼地抢捉着、吞着。

为了换气，鸬鹚一旦在水中叼到鱼，必须冲上水面才能吞食，吞鱼后又入水追捕。饿了一天一夜的鸬鹚要吃饱一顿，大约要吃一斤鱼。它们捕鱼很是精灵，先捉不太大又少刺的鳞鱼、锦鲤，遇到难以得手的鱼时，两只鸬鹚会包抄合捕。水族箱里经过一阵"翻江倒海"后，就剩下一条约一斤重的罗非鱼了。鱼大而多刺，一只鸬鹚似乎难以制服，咬住了被挣脱掉，再咬住又再被挣脱开。于是两只鸬鹚浮出水面换气后，齐心协力，在观众的喝彩声中把那条大罗非鱼扛出水面，再跳上池边。整个水下捕鱼的过程观众们都看得一清二楚，捕鱼表演推向高潮，坐在前排的观众即便被鸬鹚扇出的水弄湿了头也不愿离开。

两只鸬鹚同时叼着大鱼，各不相让，你争我夺，最后还是力气大的那只独占，相争之下，倒把活生生的罗非鱼弄死了。就这样，那只得胜的鸬鹚又在观众的惊叹声中歪着脖子硬把一斤重的罗非鱼吞下。如果不是亲眼所见，谁也不相信，这么大的鱼竟可通过鸬鹚细长的脖子进入它的肚子里。

鸬鹚吞下大鱼后，抖了几下身上的水，接着又得意地、有节奏地扇动大翅膀。只见它不等驯鸟师的带领，不招呼同伴，就"噗"一声跳下地面，拖着沉重的步伐，沿着来时的路，向着它的"别墅"（饲养它的小木屋）走去。

记者目送那只我行我素的鸬鹚远去，回头问鸟王："渔民饲养鸬鹚捕鱼，他们是怎样操作的，你知道吗？"

鸟王："略知一点，不过这种古老的捕鱼方法现代已基本上被淘汰了。只在一些山区靠近江河边的少数民族地区仍然存在。百鸟园的第一批鸬鹚也是从那里买来的。那里的渔民带鸬鹚捕鱼时，撑一个大竹排，带着一群鸬鹚沿着江河捕鱼，每只鸬鹚的脖子都套上一个项圈，脚上带着较大的铁环。"

记者："那个项圈与铁环有什么用？"

鸟王："项圈是用来卡鱼的，稍大一点的鱼会被鸬鹚脖子上的项圈卡住，这样鸬鹚就吞不下去，渔民再从它口中拿走鱼，偶尔也会塞一些很小的鱼让它吞下。有的鸬鹚也听话，捉到大鱼就跳到竹排上与主人换小鱼吃。一般不能让鸬鹚吃饱,一旦吃饱了就不肯去捕鱼了。而对那些不听话的鸬鹚,只要看到它捕到大鱼,就用带钩的长竹竿勾住脚环,连鸬鹚带鱼一起勾上竹排,拿掉鱼后再赶它下去捕鱼。项圈是临时用柔软性的稻草茎之类绕成的,万一被不大不小的带刺的鱼卡住,就把项圈弄断。"

人鸟共舞

接着,鸟王带领记者们到鸟区观看人鸟共舞的生态表演。

记者:"既然是生态表演,跳舞并不是鹭鸟的本能行为,何以说是生态表演呢?"

鸟王:"我在驯养鹭鸟(主要是白鹭、牛背鹭)的过程中发现,群鹭在啄食时,头脖伸缩,扇动翅膀,双脚跳动。喂幼鸟时(人喂或亲鸟喂)更加明显。这些动作非常优美,可与芭蕾舞《天鹅湖》中的四只小天鹅相媲美,有时群鹭在嬉戏或求偶时亦有类似的动作。"

记者:"我明白了,鹭鸟这些本能的行为,从人的艺术眼光看,就是舞姿了。"

鸟王与鸟共舞(黄泽伟摄)

鸟王:"对了,再配上有节奏的音乐,人与它们互动,那不就是人鸟共舞了吗?等一下我就亲自上场表演给你们看吧!"

鹭鸟所在的鸟区响起了节奏明快的舞曲,游客们从表演台附近纷纷向鸟区靠拢。随着鸟王的出现,白鹭从树上飞下,围绕在鸟王的周围,有的飞跳在他的肩上、手上,扇动着双翅;有的点头哈腰;有的盘旋飞翔……鸟王有节奏地手舞足蹈,指挥着鹭鸟互动,人鸟共乐的场面令游客笑逐颜开。

为什么白鹭配合得那么好呢?原来鸟王的双手捏着两把鱼肉片,不时松手让鹭鸟啄食,一只接一只地叼着鱼片飞走,由于"僧多粥少",叼不到的就追着叼鱼片的去抢,又引来一片哄笑声。

鸟王跳罢,看到观众中有几个小朋友余兴未尽,于是呼唤他们进鸟区,又唤来两只小白鹭,手把手地教小朋友们与鸟共舞。当白鹭站到小朋友的小手臂上时,他们先是兴奋、紧张(即使是小白鹭,对小朋友来说也是大鸟了),跳着跳着自然地就放松下来了。通过人鸟共乐的游戏,在小朋友纯洁的小心灵里,对认可"鸟是人类的朋友"将起到潜移默化的作用。

老鹰出猎

人鸟共舞表演后,接着是"老鹰出猎"表演。鸟王带领记者一行人来到养鹰区。养鹰区用铁网分隔开分别养着三只老鹰,其中一只所占区域较大,是用来表演的。每个鹰区都有一个小窗口,窗口刚好到鹰不能飞出的大小。

记者:"这些小窗口有什么用?"

鸟王:"用来喂老鹰,游客可以在鸟园买一碟肉片,用夹子夹着来喂鹰,小孩子喂鹰可增加勇气。近距离接触能更清楚地欣赏老鹰的雄姿,游客可以把手机、相机伸入小窗口拍摄,这就自然而然地增加了他们看表演的欲望。"

果然,一刹那工夫,在老鹰表演区的四周就站满了游客。只见那只老鹰站在树的高处,挺胸屹立,目光炯炯,不时转动头部搜寻猎物,随时准备出击。游客拿着手机、相机,电视台记者架起摄像机,老鹰在等待,观众在等待,记者也在等待……场面一度鸦雀无声,在等什么呢?

终于,鸟王现身了,他左手捏着一个神秘的小布袋,右手拿着一个木架进入老鹰的领地。他把鹰架往地一撑,老鹰立刻展翅飞向架子站稳,向四周扫视

警戒，宛如一名忠实的警卫员，护卫着它所敬畏的主人。鸟王手执鹰架，像鲁智深手执禅杖那样威武，他知道老鹰是欺弱畏强的，在老鹰面前，气势一定要压倒它。

就在老鹰分神的当儿，鸟王偷偷打开布袋，"啜"一声，从布袋里跳出了一只小老鼠，"老鼠，老鼠！"观众还来不及喊出口，老鹰就已经像一道闪电般扑向了小老鼠。老鹰一下子伏在地上，同时张开双翅并拱成罩形把猎物罩住，确认抓牢了后，便在观众的喝彩声下，从容地叼着小老鼠飞到树枝上慢慢地享用去了。

表演完毕，鸟王与记者们漫谈，他亦想借此机会征集一些传媒对鸟类表演的建议。

鸟王："看了两种不同性质的鸟类表演，你们见多识广，请指教一下！"

记者："鹦鹉的技艺表演虽有一定的观赏性，能给人们带来欢乐，但不符合鹦鹉自身的本能行为，有点强迫性。"

鸟王："不但有点强迫性，我们在训练时往往采用饥饿训练法，在一定程度上有损鸟的健康。"

记者："生态表演很好，利用鸟的本能行为，合乎自然规律，而且也能激发观众的互动性。希望你们在这方面继续努力，进一步提高表演水平。"

也有人问道："鸟王，我们在看猛禽老鹰出猎时，有点触目惊心，你不怕它攻击你吗？"

"曾经出现过攻击人的情况，有一次让另一位女驯鸟师代替我去表演，由于气势不够威武，加上扔老鼠的动作未配合好，老鹰不满，就往她的头上抓了一把，还好，这只是一种攻击前的警告。但老鹰是不会也不敢攻击我的，因为是我亲手驯的鹰。"鸟王自信地回答道。但又有谁知道，表演一分钟，驯鹰可要一年功啊！

三、 记者的采访

自建立多个百鸟园以来，除了报社的记者来采访外，珠江电视台以及佛山、南海、云浮等地的电视台的记者也先后来采访和录像。他们在采访前先游览了有代表性的百鸟园,在游览过程中提出各种问题(来的记者有多个,文中的记者是统称)。

某天,某电视台记者等一行人来采访,鸟王出门迎接。当带领记者走到百鸟园门口时,有几只鸟欢叫着飞到门口,接着飞来的鸟越来越多,有八哥、花鹩哥(学名黑领椋鸟)、丝光椋鸟等。

记者:"哟!百鸟园名不虚传,一群鸟到门口欢迎我们了。鸟王,这是百鸟园养的吗?不怕它们飞走吗?怎么我们一来就会出门口欢迎?"

鸟王:"百鸟园有一群鸟,经过训练可以放出来,叫自由鸟(实际上是半自由的),它们本来依赖于人,都在以鸟园为中心的附近活动。自由鸟看见我一般都会飞过来,因为我经常喂它们。"

进园后鸟王边走边向记者介绍鸟园的布局:"百鸟园分几个区:鸟语廊悬挂的有鹩哥、鹦鹉等会讲话的鸟,还有几种鸣唱好的鸟;小鸟区放养着体形较小的鸟和比较温顺的中等大小的鸟;大鸟区放养着体形大的鸟和一些禽类,如孔雀、白鹇、珍珠鸡、雉鸡等;水鸟区有水鸟、涉禽等。此外,还有繁殖房、鸟类表演场。"

记者进入大鸟区,看见一帮游客在喂鸟,每个游客的肩膀上、头上、手上都有鸟在接受喂食,有些喂鸟的女孩在"惊叫",还有的人拿着手机、相机在拍摄。记者忍不住道:"我也想试试喂鸟,请给我一些喂鸟的饲料。"

记者拿着饲料的双掌一摊开,群鸟立即飞过来觅食,随从人员觉得好玩,也跟着喂鸟。

为了让记者喂得比别人更精彩,鸟王把一块饼干塞进他的口中,让他含住其中一小部分。只见那只漂亮的山凤凰(学名红嘴蓝鹊)拖着彩色的长尾巴直飞落在记者的肩膀,用它的红嘴小心翼翼地把记者嘴边的饼干叼住,好像两嘴在

鸟王喂鸸鹋

接吻。"不要怕,松口,它不会啄你嘴的。"鸟王安慰记者道。果然,记者一松口,鸟就把饼干叼走了。

"精彩!再来一块!"记者兴奋地说道。于是,第二只山凤凰又重复着从记者嘴里叼走饼干,令众人再次聚焦。

鸟王指着大树顶上的鸟窝说:"那是喜鹊做的鸟窝,很大。喜鹊是树上的霸主,所有的鸟都不敢靠近它的窝。"又指着在地面正在抱窝孵蛋的鸬鹚说:"鸬鹚却占地筑巢为王,在鸟园属重量级,嘴大而长,尖端呈利钩状,杀伤力大,长脖子造就了它的攻击距离。"

随从人员:"能不能赶开一下,让我们看看它的蛋?"

鸟王:"不行,人靠近就啄,一啄见血;鸟飞近就"雁过拔毛";蛇走过,则刮鳞;若老鼠来偷捡窝边的残羹,就会被叼住成为它的口中餐,这些都是我亲眼见过的。"

记者:"同样在孵蛋,为什么两个窝的大小差别那么大?"

鸟王:"鸬鹚做窝时,十分贪婪,能捡到的枯树枝、干草之类,通通加上去。有时还到隔壁窝的同伴那里抢材料,强的抢弱的。"

随从人员:"鸬鹚的巢比喜鹊的大得多了,夸张点说,就是一个窝的柴草足可以在炉灶中煮熟两锅饭了。"

鸟王:"这两种鸟做的窝都特别大,有的鸟做的窝就很小,比如斑鸠,它做的窝很小,没有几根草,仅仅能容下它生的两只蛋(斑鸠与鸽子同属一个科,每窝生两只蛋),抱窝时,母鸟的头和尾巴都露在外面。"

鸟王找到了正在孵蛋的斑鸠,指给众人看,众人有点诧异,在议论着:"这样的窝,真是省工省料,不过有点怀疑它能否孵出仔。""懒有懒好,简单化。""我认为风险大,稍有一点风吹草动就不安全,下大雨就更不用说了,肯定会报废。"(人们的担心是正常的,但不管天气如何变化,鸟区仍不断有斑鸠是自然繁殖出来的。)

记者游览大鸟区后,鸟王又带他们进入水鸟区,两区之间是直接相连的,鸟雀可以在两区之间走动。鸟王向记者介绍:"池中成双成对在戏水的是鸳鸯;长脖子红嘴的大鹅是天鹅;那边有两群鸭,大的是家鸭,小的是野鸭;立于池塘边和栖在池边树上的长腿鸟是鹭鸟,有白鹭、牛背鹭、池鹭、夜鹭等;池边小木房里关着几只鸬鹚,是用来进行捉鱼表演的……"

记者一听到鸬鹚捉鱼,立刻接上话题:"能不能现在把它们放到池塘里表演一下捉鱼?"

"鸬鹚捉鱼擅长于江河野战,如果在池塘捉鱼简直是探囊取物。"鸟王打开小木房的门,放了两只鸬鹚出来。鸬鹚走路蹒跚,平时带它们去表演场,半天才能走到,可一见到水就十分兴奋,扑翅一下就飞进池中。如果说两只天鹅像两艘巡洋舰,游弋于水面,那么两只鸬鹚就像两艘潜艇,浮沉起伏,一个猛劲就从池边潜到池中央……

不到一分钟,其中一只鸬鹚有所斩获,叼起一条鱼浮出水面(为了换气,捉到鱼必须头露出水面才能吞下),狼吞虎咽地吃起来。另一只也不示弱,亦捉到一条,是多刺的罗非鱼,叼住的部位不利于吞食,不敢轻易吞下,就把鱼轻抛起来,一下,两下,像耍杂技一样,直至调整到鱼头能先入口(这样鱼刺能顺着),再叼住慢吞,即使整条鱼看起来比它的脖子大几倍也能吞下。

记者:"请问,您为什么会想到筹办百鸟园呢?"

鸟王:"起源于三个冲动:兴趣、爱鸟、研究。我出生于农村,从小就受大自然的哺育,很喜欢小鸟。但目前社会经济的发展严重威胁到鸟类的生存,我于心不忍,想尽一点爱鸟的天职。再说,我在中学、大学都学过心理学,也曾教过心理学,很想从心理学方面来研究鸟的行为。"

记者:"您办百鸟园的宗旨是什么?"

鸟王:"这个问题,《南方日报》题为'鸟王'的文章中的前言为我做了回答:'他用心理学的知识研究鸟、训练鸟,让鸟学说人语,学会无所畏惧地与人相处;他大规模地养鸟,不断实践他的人鸟理想,希望用人为的方式,培养人与鸟和睦共处的新型人鸟关系'。"

记者:"您热衷于玩鸟,有人说您不像教授,似乎不那么敬业,玩物丧志,你又是怎么想的?"

鸟王:"我已经退休了,也不在乎人们对我的异议,走自己的路。不过未退休在职时,我在物理专业方面虽然造诣不深,但也发表过论文,出版过著作,高等教育出版社还邀请我审过书稿。我曾任中国物理学会高工专分会副主任委员兼秘书长,曾是广州市人大代表(天河区代表团副团长)。这些表明本人是胜任相关工作的。"

记者:"在鸟廊中摆设有很多漂亮的鸟的标本,大的有孔雀、锦鸡、白鹇、

鹰等，小的有鹦鹉、绣眼、麻雀等，栩栩如生。标本都是就地取材的吗？"

鸟王："对，就是就地取材的。鸟像人一样，必须经历生老病死。凡是死了的鸟，只要羽毛尚好，我们就拿去做成标本。以前曾在百鸟园工作的一个工人会做标本，他很乐意帮我们做。有时我们会把同类的标本送给学校，物尽其用嘛！"

记者："您是鸟王，圈园为王，想必百鸟园内所有的鸟都臣服于您，绝不敢攻击您吧？"

鸟王："也有例外，那些早成鸟，一生下来就能独立生活，不必依赖于人喂，所以与人的关系不那么亲密，这些鸟在发情季节会攻击人。有一次我为了捡一只孔雀蛋走进了孔雀的领域，它不认我这个鸟王，冷不提防地被它的'双飞腿'踢中了我的小腿，牛仔裤被打穿了，小腿起了鸡蛋那样大的血肿块。还有一次，有一只发情的番鸭攻击人和鸟，我为了制止番鸭捣乱，被它咬破了脚。更厉害的是白鹇鸟，某天我站在凳子上正在观察母白鹇鸟孵蛋时，公白鹇鸟从树上冲下，一记尖距（爪子后面突出像脚趾的部分）插向我的头部，随即鲜血直流，工人赶紧替我用棉花按住伤口，送我到医疗室缝了一针才止血。攻击我的三种鸟都是早成鸟，而且都是在发情期闯的祸。"

记者："您办百鸟园的经费何来？现在盈亏情况怎样？"

鸟王："当年我的工资不高，第一、第二个百鸟园的启动经费是我在国外的儿子提供的。之后就可以自给了，主要靠门票的收入，其次是卖鸟饲料、出售自己繁殖出的幼鸟的收入。这三项的收入可以支付经营的开支，又可扩大再生产。不过，我办百鸟园不是以经济效益为目的，而是更着重社会效益。"

记者："能着重社会效益很好，您能说说为社会提供了哪些正能量吗？"

鸟王："我在办百鸟园的十几年里，从鸟贩手里拯救了一批又一批濒死的野鸟。百鸟园接待了超过一百万人次的游客，为游客提供了一个人鸟共乐的平台，激发了人们对鸟的爱心。百鸟园为游客展示了鸟类从筑巢、抱窝孵蛋到育雏的全过程，丰富了人们尤其是中小学生的鸟类知识，为学生提供了生物学有关鸟的活教材。

"我们还走出百鸟园，接受招鸟景点、湿地公园、鸟类救护中心的邀请，义务提供咨询服务。对于社会上的养鸟爱好者，也提供义务的咨询服务。还有协助多个来这里的电视台进行采访录像，作为娱乐节目播送，具有趣味性和知识性，丰富了观众的文娱生活，又增长了他们有关鸟的知识，激发人们对鸟的爱心，提高人们的环保意识。

"此外，只要一有机会，就面向社会，如在一些大型公司、越秀公园、荔湾湖公园、东莞林则徐纪念馆等摆设短期鸟展接待参观游客。还接受邀请，协助生态景点搞招鸟、引鸟工程，新会小鸟天堂、顺德均安生态园、祈福新村湿地、大学城湿地等景点都有我的足迹。可以说，算是对社会做出了一点奉献吧。"

记者："您开办了那么多鸟园，而且有的鸟区范围很大，治安出现过问题吗？"

鸟王："也遇到过晚上有人偷鸟，那是在佛山市顺德区均安镇的生态乐园，我们在生态乐园内傍小山处建了个百鸟园，所在处比较偏僻荒凉。有一天，我在鸟区外活动，竟发现有几只鸟飞到我身旁，开始以为是游人出入鸟区喂鸟、照相时不小心让鸟飞跑的。可是一连几天都发现越来越多的鸟在鸟区外飞来飞去，有的还飞到人的肩膀上。后来检查发现，鸟区傍山那面的铁网被人剪开了一大块，洞口大到人可以进出。偷鸟人走后，鸟当然就可以飞出来了。"

记者："发现以后怎样处理？"

鸟王："首先肯定要把铁网修好，其次要把飞出的鸟依次引回鸟区，所幸这些鸟是驯养的，对人有所依恋。本想修补后偷鸟人不敢再来，没想到过了两天，偷鸟者又来光顾。我们分析，偷鸟人只是为了养鸟、玩鸟，估计不是成年人所为。于是从别的百鸟园那里调来一只狼犬，在傍小山处建一个狗房，晚上把狼犬放在那里。为了避免狼犬伤人，用绳子拴着，仅起震慑作用就可以了。这一招果然有效。

"这个事件也让我受到启发，鸟只要是从小驯养大，对人是亲近的，即使不在笼里，放在自由空间，对人也是依恋的，不妨分批把鸟放出来试验。根据这样的理念，我就成功培训出了一批又一批的半开放和全开放的自由鸟。"

第三章　百鸟园的奇闻

有些鸟的智商较高，聪明而且活泼，它们的行为往往出乎人的意料，有着自己的个性，或残忍凶暴，或勇猛好斗，或有趣可笑……

百鸟园把培训好的鸟雀放养在较大的鸟区里，这些鸟可以与同类合群活动，自由求偶交配，并做窝繁殖后代，也可以与不同类的鸟混群活动、嬉戏、鸣唱。在人造的鸟区里生活，比较自由，况且可避免天敌的侵害，又有遮风挡雨避寒的设施。鸟放养在鸟区里，虽然与生活在大自然有区别，但至少有一个较大的活动范围，人们可近距离、集中地观察它们，人鸟近距离亲密接触，从而激发人对鸟的爱心，消除人们关于鸟对人警戒的偏见。各种鸟的个性，尤其是与人的互动性也能在鸟区里充分表现出来，下面列举几个实例与读者分享。

紫啸鸫复仇

驯养幼鸟时，开始是人工填喂，大约一个多月鸟龄时，幼鸟会跳、会走，便自行啄食。这时会像养家禽那样，把半干湿的饲料放在槽里，让群鸟自行啄食。幼鸟中有一只紫啸鸫，啄食时总受几只山凤凰欺负，被啄、

紫啸鸫

被赶，无奈之下，每次紫啸鸫只能捡些残羹充饥。

紫啸鸫好不容易挨到羽毛丰满，爪利嘴硬，但由于它的飞翔力比不上山凤凰，如果要报复，那就要选定适当的地点与时机。当群鸟进食时，只要一碰到山凤凰，紫啸鸫就用它的利爪抓住其中一只山凤凰，然后用嘴猛啄其背部，一直啄到把对方杀死为止。它用同样的方法，每天杀死一只山凤凰，直到杀死第三只山凤凰时才被发现。

喜鹊记仇

放养在大鸟区的喜鹊，飞翔力强，爪利嘴尖，是空中的霸主。别的鸟雀繁殖出的幼鸟，刚出窝就被喜鹊叼走啄食，幼鸟的父母都打不过它。于是，鸟王就小小地惩罚了它一下，拔了它几根飞羽，它就老实多了，但这样做它也记恨于鸟王了。本来对鸟王是很温顺的，这下变了，只要鸟王进鸟区，它就经常在背后袭击鸟王。但鸟王毕竟是鸟王，始终有办法令它臣服。

鸟、狗联手斗眼镜蛇

放养在大鸟区的鸟，虽然是从小养大，并经过混群培训，但鸟与鸟之间打斗时有发生，尤其是树上的鸟与地上的鸟是难以沟通的，每当饲养员把饲料摆放在地上时，孔雀、白鹇等凭它们的大个子独霸一方，飞鸟们只好在它们的势力范围外啄食，但也有群鸟一致对敌的表演。

有一天早晨，两个工人正在大鸟区喂鸟和打扫，忽然听到一阵鸟的惊叫声，回头一看，发现群鸟围在一起。她俩走近一看，不禁倒吸了一口冷气，本能地倒退了几步。原来，在群鸟的包围圈内有一条近一米长的眼镜蛇，那蛇半身离地，抬头吐舌头，凶恶而恐怖。

以喜鹊及山凤凰为代表的飞鸟在上三路警戒着，一有机会就啄蛇的后脑。地面上的孔雀、白鹇等随时准备出击，其余的鸟都在"呐喊"助威。身处包围圈的蛇，怕寡不敌众，只好低头爬行逃走。群鸟抓紧战机，齐向蛇的后半身啄去，受袭的蛇也不甘示弱，反转蛇头回击，但由于目标太多，难以定点，只好摇摆蛇头，喷出毒液，像机关枪那样扫射。群鸟均不敢近前，双方处于对峙的

状态。

可惜两只鸸鹋正在孵蛋,不然这两个"超级大军"必然出兵相助,取胜是不成问题的。两个工人看到这个惊险的场面,大喊大叫,惊动了鸟区的"保安"——猎犬阿汪。

"汪!汪!"阿汪迅速加入战团,群鸟很是配合,自觉地退出"擂台",让阿汪与眼镜蛇"单挑"。眼镜蛇虽凶猛,但它也知道猎狗正是它的克星,况且已被啄伤,不用多想,三十六计走为上计,只好急速逃命。只见敏捷的阿汪一个箭步冲上,一口咬住蛇的尾巴往后拖,蛇知道难以逃脱,于是蛇头反转,蛇身向后一摆,杀了一个回马枪。毒蛇这一招厉害,阿汪若是被它咬中,恐怕来不及找兽医就成为"烈士"了。但阿汪可是百鸟园群狗中的"特种兵",是猎蛇捕鼠的能手,早就料到毒蛇这一招,于是退后一闪(敌进我退)。扑空的毒蛇又急于逃命,阿汪再次冲前(敌退我追),又是一口咬住蛇尾,照样往后一拖。

要知道因为蛇的生理构造问题,它们最忌被往后拖,一往后拖,蛇的骨骼和鳞都会被打乱,影响它的生理功能,而阿汪就偏偏点中蛇的"死穴"。仅三四个回合,蛇在阿汪咬与拖的双重创伤下,爬不动了,只好垂死反抗,伸起能活动的上半身,又是伸脖子,又是吐舌头,呼呼作响在喷毒液。

阿汪也不敢轻易近前,在群鸟的助威声中,缠住毒蛇前后左右跳来跳去,消耗蛇的体能和毒液。不久,受伤的蛇体力不支,软了下来。阿汪迅速扑上去一口咬住蛇的脖子(敌疲我打),快速有力地左右摇晃,几秒钟后松口观察,蛇脖子受伤了,蛇身一动也不动,唯有嘴巴仍在抖动,像是在咬牙切齿。阿汪乘胜追击,用一个前爪按住蛇头,用嘴往蛇脖子处撕咬,很快就把蛇头咬下(注意:离开了蛇身的毒蛇头,在半小时内还能咬人注毒,此时谁撞上谁就死)。警惕的群鸟似乎也知道毒蛇头的厉害,都避而远之。

胜利的阿汪得意地拖着无头的蛇身,昂首阔步领功去,在阿汪的后面拥簇着一群鸟王的"子民们"。两位工人也很高兴,以为这群鸟随阿汪去领功。没想到没走多远,群鸟们就从阿汪的嘴里抢走了蛇身,并以蛇作绳,展开了一场紧张而又别开生面的"拔河赛"。"拔河赛"一会又变成大伙齐来撕咬,你一块我一截,见者有份,共享一顿难得的野味。累了的阿汪也懒得去凑热闹,站在一旁用舌头慢慢地舔干净沾在嘴巴周围的蛇血,休闲地品尝着蛇的血腥味。

变态的番鸭（疣鼻栖鸭）

大鸟区放养着一只公番鸭，黑翅膀长膀子，顶着疙瘩形的红鼻子，声音沙哑，走起路来一歪一扭。若大鸟区竞选小丑，绝无鸟与之竞争。番鸭平常喜争食凑热闹，但并无什么越轨的行为。可是一到发情期，这个大龄的独身"男士"就会有突发的变态行为。

番鸭

由于鸟区没有它的同类异性，它就追异类，只要是禽类就追，一旦追到就把对方压住，也不管黑白雌雄，发泄后才松开，经常弄得大鸟区鸡飞狗跳。有一次鸟王看见了，试图阻止它，岂料竟被它咬住脚，袜子被咬破，脚被咬出了血。

最疯狂的一次"犯案"，是针对公孔雀的。那次番鸭追赶白鹇还未得手，就被横在追赶路上的孔雀长尾巴卡了一下，番鸭恼羞成怒，但一看到那只漂亮的公孔雀直铺着长尾巴伏在草地上晒太阳，就"色心大发"，踩着孔雀的长尾巴往上爬。起初孔雀以为是逗它玩，并不理睬番鸭，岂料番鸭得寸进尺，继续"登峰"。此时孔雀想摆脱已经来不及了，被体重大于自己的"色狼"压住背部，猛

抖几下想站起来却失败了。孔雀越反抗,番鸭越得逞,压住孔雀背部的同时,又用扁嘴咬住孔雀的头冠,然后调整好姿势定型几秒钟,发泄完才松口跳离孔雀。

孔雀无奈在短时间被迫称臣,怎堪受辱?于是翻身跃起,怒视番鸭,似在说:"老子是百鸟园的凤凰,只要我一声吼叫,就有百鸟朝凤。你这个丑番鸭,竟敢污辱我,活得不耐烦了吧?找打!"

孔雀打斗的第一招——亮相。孔雀打开那五光十色、半径一米多的大屏,一边踏步,一边沙沙作响地抖动着、高叫着,那屏像武士的盾,又像剑客的剑屏,壮观且威武。如果入侵之敌畏而避之,就不动干戈,否则就出第二招——攻击。

那番鸭毕竟是惯犯,发情起来天不怕,地不怕,鸟王也不怕,还想征服孔雀哩!于是一场孔雀对番鸭的搏击大赛在大鸟区展开。

番鸭身体重,重心低,而且腿短,只能在下三路进攻,嘴扁没有啄的攻击力,就靠撕咬来缠住对方,有点像猴拳的打法。而孔雀腿长翅大,腿上长有锋利的距,用高踢双飞腿进攻,有点像武术的北派。番鸭的"猴拳"对于腿长身高的孔雀毫无杀伤力,而孔雀的双飞腿下下到肉,一记双飞腿就把番鸭打翻倒地,受伤的番鸭落荒而逃,孔雀拖着长尾巴穷追不舍,一高一矮,一长一短,一美一丑,这种鲜明对比的动态画面,其观赏性绝不亚于搏击。最后番鸭急中生智,飞扑到池塘里,孔雀不熟水性,只好望池兴叹,大叫三声作罢。

这只孔雀是绿孔雀,生活在亚热带地区,主要以植物的浆果、种子和昆虫为食。在我国云南省才有野生绿孔雀,广州气候属亚热带,适合饲养孔雀。人工饲养孔雀的方法与家鸡相同,还要设置沐浴用的沙池,孔雀不洗水浴,可洗沙浴。

鹩哥过年收利是(红包)

百鸟园的鸟语廊挂着好几笼会讲话的鹩哥,高兴时就七嘴八舌地说起人语:"恭喜发财!""利是逗来(红包拿来)!""先生小姐。""欢迎光临!""Good morning!""拜拜!"……经常偶然凑合成对话,引得在场的游客哈哈大笑。

中国的春节,农历正月初一叫作过大年,按习俗大人都会给小孩红包(用红色小纸袋装着人民币），红包在北方叫压岁钱，在南方叫利是。在新会小鸟天堂附近的居民点，大年初一早晨，阿姨阿婆们都会相约来到百鸟园，给鹩哥派红包。百鸟园的工作人员接待了她们，并带她们走近会讲话的鹩哥那里。一位阿婆高兴地从口袋里拿出一个红包，在鹩哥笼旁一晃，鹩哥甲在工作人员的引导下说话："恭喜发财，利是逗来！"阿婆手一送，鹩哥用嘴叼住红包，然后用红包从工作人员手里换来好吃的。

"拿了利是又要怎样呀？"鹩哥乙问鹩哥甲。

"多谢啦！"鹩哥甲接着回答。

一问一答，竟出自两只鹩哥的嘴，令一旁的阿姨阿婆们笑眯了眼，纷纷从口袋里取出红包。在工作人员的引导下，两只鹩哥准确无误地重复着以上的几句话，她们终于如愿，开心地给鹩哥派了过年利是。

"阿姨，阿婆，你们真大方，大年初一给鸟派利是。"一位在旁的游客忍不住说道。"大年初一图个吉利嘛！这两只鹩哥真懂事，拿了红包还会说声多谢，有的小孩接受了红包还不会说多谢哩！"阿婆高兴地回道。

山凤凰偷红包

百鸟园放养着一批山凤凰，都是从幼鸟人工饲养大的，这种鸟红嘴蓝翅白肚，有一条近半米长的彩色尾巴，十分漂亮。它生性活泼，但又凶狠，常捕小动物和别类的小鸟为食。人工饲养大的山凤凰经训练，对人十分亲昵，每逢游客进入，它们总是抢先迎客，常飞落到游客的手上、肩膀上要吃的。如果你嘴里正在吃零食，它会从你嘴里轻啄抢食但不会啄伤你的嘴巴。

这种鸟还喜欢玩恶作剧。在过年时节，小孩子们会收到大人给的红包，他们把红包放在口袋里，时不时拿出来看看，或互相比较多少。没想到在百鸟园里，这些举动引起了山凤凰的注意。

小孩往口袋里放好了红包，买来一杯鸟饲料，两只山凤凰看到后一下子飞到小孩的肩膀上，一左一右。小孩先是一惊，忙用手中的饲料喂它们。山凤凰十分友好，小孩很快就安定下来了，只觉得好玩。远处一个拿相机的男士觉得这个画面协调而精彩，连忙用相机把这画面记录下来。就在这时，其中一只山

我走进了鸟类王国

山凤凰（张九能摄）

凤凰偷偷地把红包从小孩的口袋里叼了出来，另一只随即抢过叼着飞走。一刹那工夫，两只山凤凰一前一后飞到遮风雨的鸟屋里，小孩并没有察觉。藏好红包以后，两只山凤凰又从鸟屋里飞出来，继续物色"作案"对象。

也有山凤凰是单独"作案"的，得手后叼着红包，拖着彩色的长尾巴到处飞，故意招摇过市，引来两三只鸟在后面追赶。游客笑着观看，以为它叼的是地上的空红包。

在春节那几天，几乎每天都听说有小孩丢了红包。直到有一天，百鸟园的工人在打扫鸟屋时发现红包，有的掉在地上，有的塞在繁殖箱里，另外还有几百元的现款、名片等，才知道是山凤凰搞的恶作剧。它们不但会叼小孩的红包，连大人放在外衣口袋里的东西也叼出来玩，或先藏在鸟屋里，有空再叼出来玩。那间鸟屋的门是锁着的，游客不能进去，鸟可以从窗口进出，它们以为把东西藏在屋里很安全，所以就把叼来的东西都放在鸟屋里。

喜鹊夺金链

喜鹊在全国各地均有分布,除了肩羽和两肋的羽毛为纯白色外,其余几乎都呈黑色。其栖息地多样,常出没于人类活动地区(如居民庭院的大树上),大多雌雄成对活动,杂食,既食植物的种子,又食各种昆虫和小动物。

喜鹊在百鸟园是飞翔力最强的鸟,翅膀、体形、嘴巴都大,当然力量也大。它可以用嘴啄破孔雀蛋(别的鸟不能),可以用爪抓着一只灰喜鹊飞来飞去,属于智商较高的鸟。它喜欢以强欺弱,经常到别的鸟窝里偷鸟蛋和幼鸟吃,即使幼鸟的亲鸟在场也无可奈何。但从小驯养大的喜鹊对人亲昵,常飞到人的肩膀上要吃的。

人们常说:"喜鹊叫,喜事到;喜鹊来,带来财!"人们都晓得喜鹊是一种吉祥鸟,所以进百鸟园的游客都喜欢它,会用好吃的东西引它来玩。这正中喜鹊下怀,它活泼得很,与山凤凰同属鸦科,鸦科的鸟都喜欢玩恶作剧。

喜鹊若吃饱了,不再为食而忙的时候就到处找东西玩,尤其喜欢找女孩子,因为她们的手链、颈链、发夹、发绳、耳环等都是它感兴趣的"玩具"。

有一次在百鸟园里,有两个姑娘拿着喂鸟的饲料进入大鸟区,两只刚吃饱的喜鹊顿时像比赛中的两个篮球运动员一样,实施鸟盯人,一只看上了一个姑娘头上的发夹,一只盯上了另一个姑娘的颈链。这两只吃饱了的喜鹊对饲料毫无兴趣,只顾飞到两个姑娘肩上去玩它喜欢的"玩具"。这两个姑娘看到站在别人身上的鸟多是小不点,而自己肩上站着的是"巨无霸",十分得意,就任其玩颈链与发夹。岂料那玩颈链的喜鹊不知怎的咬松了扣子,嘴叼着项链用力一拉,就把整条颈链叼走了。另一只见状,立刻放弃玩发夹,护航跟随。

"哎呀,喜鹊叼走了我的颈链!"姑娘发觉项链被叼走,惊叫着。

"鸟叼颈链啦!"另一个姑娘也帮忙呼叫。

两个姑娘的呼叫,反而让喜鹊更得意,两只小家伙叼着颈链满园飞,一前一后,前者叼着,后者掩护,其他鸟都不敢来抢,引来在场游客的一片笑声。丢颈链的女孩皱着眉头目不转睛地盯着叼链飞翔的喜鹊,好容易才等到它倦翔松口,把颈链挂在树枝上,她就找来一竹竿想把颈链挑下来。但是,喜鹊并没有飞走,而是站在不远处看着颈链,姑娘的竹竿还未触及,它又把链叼走了。

姑娘只好求助于工作人员，工作人员拿来一拖把，等到喜鹊再次把颈链挂于树枝时，就拿着拖把装作搞清洁，慢慢接近挂颈链的地方。喜鹊又飞近想叼走，此时工作人员突然将拖把捅向喜鹊，喜鹊受惊，来不及叼项链就飞走了，姑娘才得以用竹竿挑下颈链。

大绯胸鹦鹉解金耳环

在前文提及的鸟类表演项目中，介绍过大绯胸鹦鹉的表演技艺，它的爪很灵活，可以当手来用，嘴也可当手用。有时当工作人员专心致志站着操作时，它会去解松工作人员的鞋带。若当你看到它用爪拿住一颗纽扣玩的时候，不久你就会发现，此纽扣是来自你挂在树枝头的外套。

大绯胸鹦鹉羽色漂亮，又会讲人语，对人亲昵，所以深受游客的喜爱。当它飞落到你肩上叫"你好"时，你立刻心花怒放，又是喂它，又是抚摸它。而一旦它吃饱了，就要玩玩具。当你应付别的飞来啄食的鸟时，它就玩你的耳环，爪、嘴并用，不用多久就可在你不知不觉时把耳环解开。

记得有一次，一个姑娘当场发现大绯胸鹦鹉叼走了她的耳环，又拿不回来。姑娘看着它一下子把耳环放进口里，被吓到了，惊叫道："哎呀！鹦鹉吃掉了我的金耳环！会卡死它的！"惊叫声引来了工作人员，工作人员心中有数地说："别急，它是拿来玩的，不会吞下肚的。"果然，不一会儿，鹦鹉就用爪把耳环拿了出来。又吞又吐，像小孩子在吃棒棒糖一样。

如果说喜鹊叼颈链是靠快速获得，那么，鹦鹉解耳环就属于静中取胜了。取回物件时，对喜鹊采用突袭的办法，对大绯胸鹦鹉用什么办法呢？

不同种类的鸟，习性也不一样。鹦鹉虽然喜欢玩玩具，但也喜新厌旧。当它玩得有点腻时，只要把另一种有吸引力的玩具（如鲜花、水果、锁匙之类）送到它跟前，它就愿意和你交换了。按此办法，姑娘就到花盆摘来一朵花递到大绯胸鹦鹉前，果然，它就把爪里的耳环放下，立刻抓着鲜花玩了。

葵花鹦鹉 "经营" 沐浴池

在百鸟园大鸟区里有一个水池，水池上面装有通自来水的水龙头，是给工作人员洗涤用的，有时亦放些水让鸟雀在池中洗澡。百鸟园的经理——鸟后黄姐，经常发现水龙头没关好，水"哗啦哗啦"地流着，引来一群鸟雀在池中洗澡。看到这种现象，她总是顺手关掉，以免浪费自来水。

因为这个水龙头也是给游客洗手用的，水龙头常开，其他人都以为是游客忘记关了。而细心的黄姐却发现，水龙头常开，不是工作人员忘记关，也不是游客忘记关，而是一只葵花鹦鹉（以下简称"葵花"）扭开的。出于好奇，她就站在角落静观葵花打开水龙头的全过程。

葵花看准时机，见没有人在水龙头附近时，它就飞来，栖于水龙头上。接着别的鸟雀一只接一只，越来越多地飞到水池处，有的站在池边，有的站在池里，等待葵花放水洗澡。看着鸟雀都到齐了，葵花就扭开水龙头，群鸟就尽情洗澡，有的用嘴把水浇到身上，边浇边用嘴梳理全身羽毛；有的干脆站到水龙头下面，让全身湿透，再飞到池边上，边晒太阳边梳理……姿态百出，当然，葵花也不例外，参与到群鸟沐浴中去。

黄姐不相信葵花扭开水龙头的力比她关水龙头的力还大，于是她第二天用力把水龙头扭紧，再次观察。由于当时天气热，群鸟总是喜欢玩水。一有机会，葵花又飞到水龙头那里，群鸟照例依次飞到水池那里等候。只见葵花用大嘴叼住水龙头开关的一边用力拉，又用一只爪往水龙头开关的另一边推，似乎它也懂一点力学，试图给出一个扭开的力矩，可是失败了。因为水龙头被用力关紧，打不开，在水池的那群鸟就无法沐浴，等得不耐烦，只好陆续扫兴地飞走了，葵花也跟着飞走了。

黄姐再次进行试验，有意把水龙头轻轻扭紧，站在角落观察。果然不出所料，一会儿葵花又飞到水龙头那里，鸟雀们又跟着飞到水池里。这回葵花轻易地就扭开了水龙头，群鸟又重演沐浴场景，现场一片水花四溅。葵花与群鸟配合得那么好，看来已经成为一种习惯，只是不知道葵花是从什么时候开始"经营"这个沐浴池的，也不知道究竟浪费了多少吨自来水。

外国女士 "奉献" 金发

前文提及，百鸟园用两种方式繁殖鸟。一种是在专用的繁殖房设置有繁殖箱，箱内有鸟巢，人为地配好雌雄，也就是在人的操作下专业繁殖。另一种是

自然繁殖，多种鸟混群养在一个大的鸟区里，也给鸟雀提供繁殖的条件，比如挂有鸟箱（箱内无鸟巢），整理好适宜筑巢的树杈等。有些鸟喜欢筑暗巢，有些鸟喜欢筑明巢。筑巢的材料鸟儿们都就地取材，像鸟区内的干树枝、枯树叶等，竹子的枯叶和地面上的枯草更是鸟儿们的首选材料。

鸟区内养有几十种鸟，由于种种原因，大部分选择做"丁克"一族，只有少数自行配偶生儿育女。尽管只有少数筑巢，可是一到繁殖季节，鸟区筑巢用的"装修材料"明显供不应求，此时就要在鸟区内放置很多枯叶和枯草等。

适逢鸟儿繁殖季节的某日，有几个外国人来参观，他们带着照相机、录像机进鸟区。其中有一位女性，散着一头金黄色的头发。你猜鸟雀们把金黄色的头发看成什么了？不言而喻，鸟雀们把金发看成是做巢的上等材料了！不知是哪一只鸟"吱喳"欢叫一声，带头飞落到外国女士的头上，接着灰喜鹊、花鹩哥、八哥等鸟纷纷飞落到女士的头上、肩上，用嘴拔金发，拔一根就叼走一根，叼到正在筑造的巢里，来来往往地搬运。忙于拔毛筑巢的鸟，对外国女士手中的饲料不屑一顾，唯有不筑巢的山凤凰独享饲料，而且还从容地在饲料中挑出黄粉虫来吃。

外国女士难得有这种机遇，在自己的头上、肩上、手里站满了漂亮的鸟儿，只觉得它们很亲昵，她十分兴奋和喜悦，根本察觉不到鸟儿在拔她的头发，还一边笑着一边对她的负责拍摄的同伴说："Yes, yes, OK! Very good, very good!"

鸟雀们和几个外国人一阵忙碌后，外国人准备移步离开，而拔了毛的鸟雀也开始忙于整理"内务"，唯有山凤凰有点依依不舍。就在外国女士快要踏出鸟区的当儿，山凤凰飞到她的肩上。是在欢送她吗？非也！原来当群鸟在外国女士头上忙碌的时候，山凤凰也玩了个小恶作剧，把几条黄粉虫藏在了她的衣领里。这会眼看外国女士出鸟区要把虫带走了，山凤凰就迅速把虫叼回来享用，以免浪费。

山凤凰玩这种小恶作剧也不是第一次了，它有时会把虫放在游客的头发里，有时放在上衣衣领或口袋里。如果找不到好玩的对象，它也会把虫子藏在较隐蔽的地方，饿了再取出来食之。

温顺的山伯劳

在自然界中,即使是凶猛的鸟,只要自幼人工养大,也会改变它凶猛的野性,下面不妨举一个实例。

在一个风雨后的早晨,一位游客手捧着一只奄奄一息的幼鸟来到百鸟园。他说他在树下捡到一只幼鸟,看到还有一口气,出于爱心就把它捡起来,认为只有百鸟园才可能救治它。工作人员立刻把鸟王唤来,鸟王把幼鸟端在手心仔细观察了一会,也分辨不出是哪一种鸟。因为鸟很小,大约孵出还不到十天。

伯劳

鸟王赞赏游客有爱心,就把幼鸟留下了,并亲自用电灯泡替幼鸟保温,并喂给它面包虫。在鸟王的细心呵护下,幼鸟不但保住了性命,而且一天天长大,很快就长出了翅膀。原来,这是一只伯劳,一只漂亮的棕背伯劳(俗名叫山伯劳)。

鸟王一边欣赏着山伯劳,一边联想起少年时有关山伯劳的趣事。少年时,文山(对少年鸟王的称呼)的屋后有个小树林,树林里生活着多种鸟雀,其中一只鹊鸲每天早晨都在鸣唱。只要是假日不用上学,文山就会到树林里观听鹊鸲的鸣唱。有一回他正在听眼前鹊鸲鸣唱的时候,发现在不远处也有一只鹊鸲在鸣唱。雄鹊鸲有好斗的特性,只要听到或见到另一只同类入侵领地,就非要打斗决一胜负不可。这可乐坏了文山,他要静观一场鹊鸲的打斗。

只见鹊鸲一边唱一边沿着另一只鹊鸲的鸣声飞跳去迎敌,就在接近时却冷不防地飞出一只凶恶的山伯劳,可怜那只鹊鸲突然受惊,腿翅发软,来不及逃走就被山伯劳抓着了,只听到"喳喳"两声的惨叫,它们就消失于树林中了。

在文山的印象中,山伯劳很会鸣唱,也会学着鹊鸲、画眉鸟鸣唱。原来它学别的鸟鸣唱是为了诱捕。文山也亲眼见过山伯劳抓捕小鸡吃,更有甚者,对

人也敢攻击。

擅长于寻觅鸟窝的文山,有一回也发现了山伯劳的巢,筑于一棵龙眼树的树杈上。经过多次观察,在确认幼鸟已有半个月大的时候准备捕猎。文山深知此种鸟的凶猛,于是邀了一位比他大两三岁,名叫阿兴的顽童一起去掏窝。阿兴很会爬树,又喜欢养鸟,一拍即合。两个顽童高高兴兴地来到龙眼树下,文山把鸟窝指给阿兴看。

"阿兴,山伯劳很凶,要注意,你掏它的窝,抓它的仔,它会攻击你的。"文山提醒道。

"怕什么,那么大的人了,还怕那小的山伯劳?笑话。"说完,阿兴十分利索地往树上爬,爬到树顶靠近鸟窝处,还未来得及看窝里的小鸟,两只亲鸟就飞过来了,吱喳凶叫着,一左一右扑向阿兴,一个啄手,一个抓头。

"哎呀!山伯劳很凶恶,真的来啄我了!"阿兴遭到突如其来的袭击,惊叫着。

由于攀在树上,阿兴一只手牢牢地抓着树干,只能抽出右手应战。这下在地面的文山急了,又没法爬那么高上去助战,又不敢乱扔石头,只好大声呼喊:"打!打!"正是"虎落平阳被犬欺,阿兴上树遭鸟嬉"。说真的,要是在地上,十个山伯劳也敌不过一个阿兴。

虽然文山的大声呐喊对山伯劳毫无威胁,但却提醒了阿兴。阿兴急中生智,顺手折下树枝当武器,耍起一招"雪花盖顶",尽管只有招架之力,却可掩护着头部且战且退。山伯劳见阿兴撤退也不追击,阿兴终于稳住了阵脚,没有从树上掉下来,也没有被啄、被抓至流血。

两个顽童都惊出一身冷汗,只好望巢兴叹而归。怪不得又漂亮又会鸣唱的山伯劳很少被人笼养,大概是因为人们也对它的凶猛有所畏惧。

趣事说完,又回过头来说那只捡回来的幼鸟山伯劳。鸟王有意要改变它凶猛的野性,喂养长大成鸟后把它放养到大鸟区,在人工喂养过程中也不时地带它到大鸟区见识一下各种鸟雀,把其他鸟引来与它做伴。果然,山伯劳一放进去就不会对环境感到陌生,很快就能适应与其他鸟混群相处。由于它长得健壮威武,别的鸟不敢欺负它,它也没有攻击其他鸟,对人依恋而温顺。由此可见,只要是从幼鸟人工养大的野鸟(没有亲鸟调教),在不必为生存担忧的和平环境中,即使是猛禽,它的凶猛野性也会有所改变。

第四章　以鸟会友

中国是礼仪之邦，国人崇尚会友，以歌会友、以酒会友、以球会友、以牌会友……以鸟会友是一种高雅的、有情趣的会友方式。

不打不相识

百鸟园养有一大群斗鸡，品种多，也有好的打斗场地，所以斗鸡的发烧友（对某些事物有特别爱好的人群的统称）经常带鸡来切磋斗艺。

有一回，两伙人应约来百鸟园斗鸡，一伙是河南籍的，另一伙是广西籍的。两伙人与百鸟园三方商定不设赌局，也不定胜负，旨在训练鸡的斗志以及交流驯养经验。这样，在没有心理压力下让三方的鸡轮流出战，大展拳脚，也让在鸟园的游客大开眼界。鸡主们边看边评论：

"广西友的鸡，腿有力，每打一下，'啪啪'有声，虽然踢得不高，但一旦击中对方胸部，被踢者都会倒退几步。"

"河南友的鸡是典型的中原斗鸡，嘴头有力，斗嘴时多占上风，常啄住对方的冠不放。"

"百鸟园的鸡弹跳力好，耐力也好，起双飞高踢腿，多踢中对方头部，杀伤力大。"

经过一两个小时的搏击，让鸡休息之后，三方鸡主坐了下来，边喝茶边交流驯鸡经验。

鸟王先做介绍："百鸟园的驯鸡经验是'狗走鸡飞'。长到中鸡阶段（约四个月鸡龄），就放养在一个围住的园里，每天把一只小猎犬放进去追逐这群鸡，小猎狗只是追逐而不咬，满场'狗走鸡飞'，直到鸡、狗都累了才休息，以此来训练鸡的反应能力、弹跳力和耐力。"

"怪不得你们的斗鸡弹跳力好，耐力又好啦！"广西鸡友赞叹道。接着又说道："我们的经验是'练就飞毛腿'。在斗鸡的腿缚上小沙包，然后两鸡对打互踢。因为腿加了负重，互踢不易受伤，但练到腿力。一旦把小沙包去掉，踢出的力度自然明显加大。我们的鸡是越南鸡的血统，个子矮了点，所以要加强下三路的攻击力度。"

接着河南友说："我们的经验是'整容'。把鸡冠和脸下部两侧的肉垂剪掉，再做适当消毒处理，这样打斗起来，对手想叼住它的头部就难了。"

"真是妙招！如果把咱们三方的经验都用上，训练出的斗鸡肯定好打。"鸟王拍手赞道。

最后鸟友们去看了百鸟园里大大小小的斗鸡，一共有近百只，都是百鸟园用土办法把土母鸡孵出的小斗鸡饲养训练大的。他们看到一窝两个月大的小斗鸡十分健壮可爱，两伙人都忍不住买了三五只回去。

刘三姐式以歌会友

上述的鸟友自带鸟或鸡来百鸟园交流，是一种以鸟会友的形式。这样的会友方式有一定的局限性，接触面也小。为扩大以鸟会友的影响，必须走出百鸟园，到公园与每天遛鸟的鸟友交朋友。有的鸟友不喜欢鸟的对抗啄斗，而是热衷于鸟的对唱，即刘三姐式以歌会友。

为此鸟王特地挑选了两只鸣唱功力较好，且受过放飞训练的小鸟去遛。一只是由幼鸟驯养大的野鸟绣眼，另一只是家鸟白燕（又叫金丝雀）。

绣眼鸟的眼圈一周是洁白的羽毛，如绣出的花边一样，整个嵌在翠绿色的头部，十分显眼，因而得名，俗名又叫"白眼圈"。绣眼鸟几乎在全中国都有分布，喜集群生活，食虫为主，也食水果。它的体态优美，玲珑活泼，雄鸟鸣叫婉转轻柔，音韵多变，富有节律。这种鸟目前尚未有人工繁殖，只能从野外获得。

金丝雀是一种雀科鸟类，原产地在大西洋的加那利群岛。15世纪引入欧洲，经人们长期培育、筛选驯化为观赏笼养鸟。19世纪初传入中国，现在我国已选育出有中国特色的品种，其中有代表性的是山东的金丝雀，毛色有淡黄色和白色两种，体呈纺锤形。白色金丝雀羽色洁白如玉，眼睛有的

金丝雀

为黑色，有的为红色，体长约14厘米，嘴与脚趾呈粉红色，体形轻巧灵活，鸣唱时口张得很小，喉部鼓得很大，鸣声由较长的音阶组成，音韵丰富，不但婉转悦耳，而且一气可连续鸣叫多晔。这种鸟容易人工繁殖，饲养金丝雀不仅是一种高雅的消遣，还具有较高的经济效益。在百鸟园的繁殖基地，饲养有红、黄、白多种颜色的金丝雀。

当鸟王提着两种笼鸟走进公园，正要打听鸟友们的聚集点时，正好看见一个游客提着一笼鸟走进来，于是就跟着这个游客前行，一直走到一排树荫处停下。就在那里的草地上、树干上、石台上都放置着或挂着很多笼鸟，有画眉、鹊鸲、绣眼、金丝雀等。鸟雀用各自的声调鸣唱着，如果把鸟唱用人的歌唱风格作一个比喻，那么画眉的唱法就相当于通俗唱法；绣眼的唱法有民歌的风格；金丝雀就是美声唱法了。

坐在这鸟语雀歌的树荫下，仿佛身处美妙的音乐会，怪不得有些漫步走过的游客会却步，流连忘返了。就在这个群鸟"音乐会"进行之际，人们的目光忽然投向一位漫步走来的青年。只见那青年人一手托着一个精致的小鸟笼，笼里那只绣眼正在引吭高歌，一进入"音乐会场"，歌声更是动听，似要力压群芳。在此挑逗下，鸟王带来的那只绣眼亦不甘落后，放声对唱，似想一较高下。

为了进一步助兴，鸟王把绣眼鸟笼挂在树枝上，轻轻打开笼门，伸开手掌，那绣眼不慌不忙地跳出来落在手掌上。他把手掌举过头顶，绣眼又重新"登场演唱"，众人看得目瞪口呆，连那举笼的青年人也竖起了大拇指。绣眼唱毕，他对着鸟笼，手掌轻轻一抛，绣眼便"咻"一声飞进了自家的鸟笼。

在群鸟的斗唱中，通俗歌喉的画眉音量特别大，传得远，而金丝雀则以高频的美声出众，而且其特有的"哢"是其"专利"。此外，还有精彩的表演。就在众鸟斗唱的时候，鸟王把他带来的金丝雀的笼放在石台上，然后把笼门打开，让鸟跳到他的手掌上，再轻轻一抛，那金丝雀在空中绕了一圈后站在自家的笼顶，继续鸣唱，一气连续鸣唱多哢。它在鸣唱时两翅张开，轻轻扑打，像在打拍，又像在起舞，把群鸟的"演唱会"推向高潮，令鸟友们连连赞叹！

在金丝雀停止鸣唱时，鸟王立即从口袋里取出几粒弹子，向站在笼顶的金丝雀抛去，金丝雀连接两粒。他取回弹子，给予食物奖励后，再高抛一粒弹子，那金丝雀飞起接住，叼住弹子飞进它的鸟笼——以此谢幕。

鸟王带来的两只鸟在鸣唱中的精彩表演，惹起鸟友们的细语议论：

"这个老头子驯养的鸟那么厉害，我们的鸟还达不到这种水平。"

"他是何许人？好像在哪里见过？"

"我见过他，他就是'百鸟园'的老板。"

"想起来了，在电视播过，在报纸上也报道过，他是教授鸟王。"

"真是名副其实啊！向他请教一下吧！"

有一鸟友忍不住，走到鸟王跟前打招呼："你好，你就是百鸟园那位教授鸟王吗？"

鸟王："谢谢！不敢当！想来凑凑热闹，欣赏一下你们的鸟。"

鸟友："你驯养的鸟太好了，能不能给我们介绍一下经验？"

鸟王："你们的鸟唱得好，声音响亮，婉转多变，又能相互对唱，精彩！我只不过是教鸟一点小动作而已。"

鸟友："就是那一点小技艺精彩，你是怎么教的？"

鸟王："这个不难，要有耐心。不过一定要从幼鸟，最好从雏鸟开始人工喂养，从幼鸟开始调教训练，利用条件反射的原理来训练。"

鸟友："哪里可弄到幼鸟、雏鸟？我们这伙人都没有人搞繁殖的。"

鸟王："从养殖户那里可买到，我的百鸟园也做金丝雀的繁殖，有好几个品种，雏鸟、幼鸟、种鸟都有。欢迎鸟友们去参观、选购和交流经验。"

鸟友："那太好了，我们择日去参观你的百鸟园。"

鸟王："欢迎，你们什么时候来，一起来或个别来都欢迎，进园找'鸟王'就是了。百鸟园还养有好几种会鸣唱的鸟，有画眉、鹊鸲、百灵、乌鸫、云雀等。"

鸟语知多少

每逢节假日，公园都热闹非常。中老年人在唱歌、跳广场舞；年轻人在打球、划船；小孩子在玩游戏、放风筝。玩鸟的更是有三个亮点：听鸣唱的有一伙、斗鸟的集一堆、听鸟语的坐一排。

因为这三个亮点，对于以鸟会友的鸟王，公园确是一个好去处。去了群鸟鸣唱处凑过热闹，接着到鸟语廊去听听"七嘴八舌"。百鸟园中会说人语的鸟有好几种，水平高的有鹩哥和灰鹦鹉。灰鹦鹉体型壮、尾短，原生活于热带非洲的低地森林和红树林中，以植物的种子、坚果、谷物等为

灰鹦鹉

食，营巢于高处的树洞中，容易人工繁殖和饲养，善学人语，是很受欢迎的宠物鸟。广州地处亚热带，适合养灰鹦鹉。灰鹦鹉说人语在声调上比不上鹩哥，鹩哥更接近于人的声调。但灰鹦鹉的羽色比鹩哥漂亮，吃东西时的姿态也很优美，为此，他就带上灰鹦鹉去会鸟友。

进了公园门还要走一段很长的路才到鸟语廊，其中经过斗鸟圈，恰好遇上几个熟悉的斗鸟友。一鸟友热情地打招呼道："欢迎鸟王来，怎么带了鹦鹉，鹦鹉也会打斗吗？"

"今天不是来斗鸟的，是要到鸟语廊听鸟语的。"鸟王解释道。

有两三个在斗鸟圈看热闹的游客，看到鸟王带上灰鹦鹉去鸟语廊，出于好奇，也跟着一起去。鸟王来到鸟语廊，看到廊里挂着好多鸟，多是椋鸟科的，有鹩哥、家八哥、花鹩哥（黑领椋鸟）等。众鸟在七嘴八舌地讲话："早晨！""你好！""老板早晨！""恭喜发财！""拜拜！"……有一些游客，尤其是小孩子在逗鸟讲话。只要鸟一说话，孩子们就笑，鸟主也随之微笑，不过鸟儿说的大多是广州话，偶尔也能听到"good morning"。

我走进了鸟类王国

鸟王静静地把灰鹦鹉挂上,只要一挂上就显得与众不同了。在鸟语廊的鸟都是用笼养的,羽色以黑白为主,唯有灰鹦鹉用铁架,羽色也较漂亮,看起来分外清楚玲珑。它正好用一只爪拿着一块苹果,用黑色的大嘴慢条斯理地吃着,白色脸围住金色的眼圈,头部到尾部,从浅灰白色渐变到深灰色,红色的尾巴好像斜插在合拢的灰翅膀上。凭它这一身"打扮"以及它优雅的食相,就引来了不少周围的游客来观看和拍照。鸟王觉察到是应该露一手的时候了,待它吃完了水果,就逗灰鹦鹉讲话。

"欢迎光临!欢迎光临!"灰鹦鹉金口一开,游客无不赞叹,真是艳压群芳。

"这只灰鹦鹉很漂亮,很会讲话,是谁家的?"有的游客在欣赏灰鹦鹉的同时提起疑问。

"这是百鸟园的鹦鹉,逗它讲话的人就是鹦鹉的主人,他是教授鸟王。"认得鸟王的游客当众向人们介绍。

听游客这么一说,众人的目光都转向鸟王,游客中有一位与众不同的长者,身边还有一位年轻的姑娘陪同。长者走近和鸟王打招呼:"你好,教授鸟王,你的鹦鹉很会说话,再逗它讲几句吧!"

"他是离休的老革命,在老干所,姓张,大家都称他为张老,那位姑娘是护士,他们经常在节假日来这里游玩。"熟悉长者的游客向众人介绍。

既然是一位长者的看重,又有众人的捧场,鸟王只好登场。

"好吧,我再逗鹦鹉说几句给大家听,试试吟两句诗,请大家静静。"

本来热闹的场面突然安静下来,反而引来更多的观众,鸟王对着鹦鹉举起两个手指,做喂食状,深深地吸了一口气,吟了句"月明星稀",灰鹦鹉应对了一句"乌鹊南飞",就在观众静听时,鸟王说第三句"绕树三匝",鹦鹉又应对了第四句"无枝可依"。此时观众个个目不转睛,像在看魔术表演似的。

张老微笑着举起大拇指,众人想听听他对鹦鹉的评价,并想知道这一首诗的出处,都把目光转向张老。

"精彩!鹦鹉会念诗,而且是与人对诗,我还是第一次见到。这首诗叫《短歌行》,是曹操宴长江时吟的诗,首句是'对酒当歌,人生几何'。"

"人生几何?"没想到,灰鹦鹉竟与张老几乎是异口同声地念出来。这不由得引来众人一阵欢笑。其实开头两句是教过它的,只要听到人说,鹦鹉就能做出条件反射。鹦鹉说完了,鸟王就悄悄地拿葵瓜子喂它。张老对这只鹦鹉十分喜欢，就说："请问，教授鸟王，这只鹦鹉可以卖给我吗？"

"谢谢您的赏识，对不起，这只鹦鹉我不能卖，它是'教练鸟'，用来教别的鸟讲话的。如果您喜欢讲话的鸟，可以抽空到我的百鸟园来一趟，我送给您一只吧。"

"那太好了，先谢谢啦！"张老连连道谢。见有很多人在场，鸟王就对鸟友及游客说："欢迎大家来百鸟园参观，园里养有很多会讲话的鸟，大家可以到那里交流驯鸟讲话的体会和心得。"随即鸟王就与张老及一伙鸟友约定了到百鸟园的时间。

一星期后张老和鸟友们赴约到百鸟园，鸟王接待了他们并把黄姐介绍给他们："这位是我的副手，名叫黄泽伟，我们又称黄姐，是这个南海百鸟园以及深圳、顺德、东莞、新会等五个百鸟园的总经理，人们称她为'鸟后'。黄姐也是一位驯鸟师，你们可与她交流养鸟、驯鸟以及繁殖鸟的心得体会。"

大家一起先参观了鸟廊，鸟廊挂着几十笼鸟，有说人语的、有鸣唱的、有会打斗的（打斗的都会鸣唱），黄姐着重向他们介绍会说话的那些鸟："鸟园内会说话的鸟有几种，属椋鸟科的有鹩哥、花鹩哥、家八哥；属鸦科的有松鸦、喜鹊、灰喜鹊；鹦鹉科的有灰鹦鹉、大绯胸鹦鹉、亚历山大鹦鹉等。"

"哪几种讲话讲得最好？让它们说说看。"张老所关心的是将要送给他的鸟讲话的水平，故很想听听这些鸟讲话。

黄姐先表演两只鸟之间的对话。只见她手里拿着鸟的食物走近一只鹩哥，鹩哥即说："先生小姐！"黄姐给了它东西吃，接着把拿食物的两个手指移近灰鹦鹉，灰鹦鹉就说："欢迎光临！"两只鸟配合得很默契，此时，观众鸦雀无声，似在等待着更精彩的表演。黄姐进一步表演人—鸟—鸟的接话对话。只见她稍移两步，靠近第三、第四只鸟（鹩哥），对第三只鸟举起两个手指，作喂鸟状，对鸟说："恭喜发财！"

"利是逗来！"鸟立即回答道。

"拿了利是又怎样呀？"第四只鸟接着问。

"多谢啦！"第三只鸟回应第四只鸟道。

接着黄姐又大声地对着两只鸟说："我们走啦！"

"拜拜！"两只鸟同时回答。

"哇！"众人再也忍不住沉默，同时发出惊叹。

张老和鸟友们都对这个精彩的人鸟对话纷纷称赞。对于鹩哥、八哥和鹦鹉，人们都晓得这些鸟会讲人语，但这样精彩的对话却比较少见。同时，他们又对鸦科的鸟也会说人语表示怀疑，于是要求黄姐再表演一下逗喜鹊与灰喜鹊讲话。

黄姐同样用食物逗得两只喜鹊讲话，不过它们只能讲简单的一两句"恭喜发财""你好"，而且声音很小，无法与鹩哥相比。有的鸟友不满足，表示还要看松鸦说话。由于松鸦没有挂在鸟廊，黄姐只好请教授鸟王出马，呼唤众人跟着鸟王去看。

松鸦

鸟王带着鸟友们走到鸟区的旁边，他从口袋里拿出鸟食，隔着网叫了两声"松鸦""松鸦"，一下子便飞来好几只松鸦，有的站在靠边的树干上，有的粘在紧靠鸟王的铁网叫着。鸟友们都喝彩称赞。

参观鸟廊毕，鸟王和鸟后就分开导游。鸟王带领张老两位参观，鸟后带领鸟友们边参观边交流心得体会。

先说鸟王这边：观看了水鸟区、繁殖房和大鸟区，在大鸟区看到游客们喂鸟取乐，护士姑娘也忍不住要参与喂鸟，张老拿着手机替她拍照。张老看到有三种孔雀（蓝色、绿色、白色），就对鸟王说："要是能拍到孔雀开屏就精彩了，孔雀在怎样的情况下才开屏？"

鸟王："在三种情况下孔雀会开屏：一是比美，二是防御，三是求偶。在孔雀生活的大鸟区里我们也养了几只火鸡，公火鸡的尾巴较长，有40～50厘米，也会开屏。有时公火鸡与公孔雀争吃东西，公火鸡开屏时公孔雀就会立刻开屏防御做进攻状，如果敌方不退让就发起攻击，打出双飞腿。之前我为了捡一只孔雀蛋被公孔雀踢伤，那次它攻击前也是做了开屏警告的，只不过我没留意到。孔雀若是求偶时开屏，更是美妙了！"

"教授，你是鸟王，能不能让它开屏让大家开开眼界？"张老用请求的语气说道。

鸟王："防御性的开屏比较容易做到，只要你拿一把能自动打开的缩骨雨伞悄悄地靠近公孔雀，然后突然'嘭'一声打开，孔雀就会做出防御反应，'沙沙'作响开屏。"

张老："我们更想看白孔雀求偶开屏。"

"刚好现在是孔雀交配季节，可以试试，不过没有百分百的把握。"鸟王说完，随即去把母的白孔雀引到公的白孔雀附近。

白的公孔雀一看到母孔雀，就立即走近，正面对着母孔雀把雪白的屏打开，屏足足有一米长，在阳光下耀眼夺目，公孔雀随之轻轻抖动，"沙沙"作响，双脚踏步围绕母孔雀做弧形移动，显得有声、有色、有实际、有姿势。

母孔雀经不起这种求爱的挑逗，于是屁股微翘呈半蹲状，表示接受公孔雀的求爱。此时公孔雀就毫不客气地骑住母孔雀，然后把开着的屏反过来覆盖着双方，非常美妙。

鸟王在带领张老参观的过程中，静静地向护士打听了一下老革命的光荣史。原来张老是参加过解放战争和抗美援朝的英雄，屡立战功，身上还有多处枪伤，今年八十六岁，少将军衔，而护士是上士军衔。

最后鸟王带他俩看了鸟类表演，看完后张老很有感慨地说："你们办这个百鸟园很成功，鸟园很全面丰富，动物园都没有那么大的吸引力，尤其是鸟类生态表演，很值得推广。人鸟共乐，动物园也做不到……"

张老的高度评价，顿时让鸟王有一种成就感，很受鼓舞。参观完毕，鸟王就把预先准备好的一笼鹩哥送给张老，并当场教会他如何逗鸟说话，确认能让鹩哥说出"你好""早晨""恭喜发财""健康长寿"等，还告诉了他饲养鹩哥的方法。

张老暗示护士把一个厚厚的信封塞给鸟王，鸟王知道信封内肯定装有人民币，无论如何也不收，说道："张老别客气，您是人民的功臣，大家都敬重您，这只鸟算是我们百鸟园员工的一点心意，但愿它能给您增加一点乐趣。"

张老再次表示谢意，在鸟王送他们出百鸟园的路上，张老停在广告牌前看贴在广告牌上《人民日报》中题为"教授'鸟王'"的文章，写的正是鸟王。

"张老，您想看这篇文章，我送您一份复印件吧！"说完，鸟王随即到办公处拿了一份复印件给张老，并送他们出百鸟园门口。

就在鸟王带张老参观的同时，鸟后也带着鸟友们在百鸟园里参观。由于鸟友们来的目的各不相同，黄姐就尽量满足他们的要求。

我走进了鸟类王国

第五章　养鸟中的科学

养鸟，看似很普通的事，其实其中大有学问，需要用到生物学、心理学、运筹学、医学等知识。

鹩哥讲话的特训

鸟后黄姐接待的一群鸟友中，有的想学教鸟说话，有的在搞繁殖，有的热衷于与鸟同乐，因此在参观和交流的过程中提出各种各样的问题。

首先是想看黄姐是如何教鹩哥讲话的。他们集中到树荫下的草地上，黄姐摆开架势进行示范。她把几十笼受驯的鹩哥围成半圆形，这批鸟除了两三只会讲话的"助教"外，其余的都是三个月左右的幼鸟。黄姐手里拿着鸟饲料坐在圆心的位置，运足丹田之气，大声教："早晨！""您好！""Good morning！"（两个音节）黄姐念了数遍之后，果然有"助教"应声讲话，也有幼鸟学着说"早晨""您好"，尽管吐字不是很清晰。群鸟说完后，再立即喂食。这叫作集体上课。

黄姐强调，一定要在鸟处于饥饿状态时教，因为鸟饥饿时特别活跃，注意力比较集中（心理学谓之鸟处于兴奋状态，容易做出定向反射）。教一轮之后就全体喂食、休息，让"助教"和幼鸟自发地教与学，当发现有两三只学得较好时，就抽出来，单独进行培训，即因材施教。

鸟友："因材施教与集体上课有何不同？"

黄姐："鸟像人一样，有个体差异，有的广州话说得好就教广州话，有的普通话说得好就教普通话，有的很聪明，三种话都会说，就重点培养。

"如果把'助教'放在旁边，让幼鸟看到'助教'讲了话就有东西吃，效果会更好。先对幼鸟教一个单词，例如'您好'，它一开口讲就给它吃的，不断重复，学会一个单词再教第二个，此时把食物对着它，只要它集中注意力听（做出定向反射），也给东西吃。

"这种教法心理学叫作条件反射，鸟要吃食物的条件是'讲话'，鸟饿了想吃，看到食物就会做出定向反射行为（讲话），讲了话就有食物吃。条件反射一旦建立以后，鸟只要一看到食物（条件），就会讲话（反射），即使不太饿也会讲话。

"鸟学人语，有时不用你刻意去教，它也会受周围声音的影响。比如松鸦经常听到有人与教授鸟王打招呼，于是看到教授鸟王走近时就自发地叫'教授'，一只松鸦叫开，其余也跟着叫。教授听到很高兴，于是因势利导，只要一听到松鸦叫'教授'，就给它东西吃，他口袋里总带着鸟喜欢吃的东西（如鸡蛋黄、水果、饼干、黄粉虫蛹等）。松鸦发现见到他叫声'教授'就有好东西吃，自然就形成了条件反射。"

鸟友："鸟语廊挂的那些鹩哥，不但会讲话，而且还会对话，这种条件反射是怎样形成的？"

黄姐："那属于二级条件反射，是在它会讲话的基础上再要求它讲对了才给吃，当然培训难度会比较大，能形成二级条件反射的鹩哥都是百里挑一的精英。但要说明一点，条件反射形成之后，还要经常复习强化，否则过一段时间条件反射会消失。所以，即便是在没有游客来的下雨天，我们的工作人员也会逗鹩哥讲话。"

黄姐还向众人说了一件有趣的事："有一回，百鸟园送给一位朋友一只会讲话的鹩哥，过了一段时间，朋友把鹩哥拿回来请我们再调教，为什么呢？原来最近朋友家邻居在装修，装修的工人常讲粗话，殊不知挂在阳台的鹩哥听得到，很快就学会了几句粗话，对着来的客人也说，让主人哭笑不得。"

这时有的鸟友着急了，忍不住问："后来怎样？能调教好吗？用什么办法？"

黄姐："办法是，第一要鹩哥离开讲粗话的场所，第二是干扰它讲粗话。"

我走进了鸟类王国

鹩哥

鸟友:"怎么干扰?"

黄姐:"教练要站在它旁边,只要它一开口说粗话(不要等它说完一句完整的),就用正面的话打断它。例如,鸟要说'他××',只要它说出'他'字,你就用'你好'打断它。如果跟着你说了,就给食物吃。后来我们把鸟调教好了,待朋友邻居装修好后才让朋友把鸟领回。"

鸟友:"黄姐,我买了两只鹩哥,一只老鸟,价钱不高,一只是半年鸟龄的幼鸟,养了大半年还不会讲话,为什么?"

黄姐:"如果是老的野鸟,是不会讲话的;如果是自己会吃东西的幼鸟,买回时不会讲话,也很难教会讲话。所以一定要买鸟龄一个月左右的幼鸟,即刚长出翅膀,仍不会飞,还要人工喂一个月左右的幼鸟。"

鸟友:"鹩哥的幼鸟好贵哟!要好几百元一只。你们百鸟园繁殖那么多种鸟,为什么不搞鹩哥繁殖?"

黄姐:"要将野鸟人工繁殖,不是那么容易的,首先要了解它的生活环境和习性。鹩哥生活在热带雨林和较开阔的树林里,杂食性,营巢于大树洞穴的深处,在我国只有云南、广西西南部和海南岛可以看到野生的鹩哥。"

鸟友:"一到春夏季,鸟市场就有很多鹩哥的幼鸟出售,是从哪里来的?"

黄姐："我国的地理环境不太适合鹩哥的繁殖，市场上的鹩哥幼鸟几乎全是由越南那边买过来的。我有一个朋友曾到过越南那边考察后对我说，那里的山民一旦发现哪棵大树的洞有一窝鹩哥幼鸟，他就可以发一笔小财。如果那窝幼鸟太小，他就把铺盖卷到大树下，日夜守候数天也要掏到较大的幼鸟。"

鸟友："你们有没有搞过鹩哥的人工繁殖？"

黄姐："搞过，我们几年前在新会小鸟天堂的百鸟园专门建了一个几百平方米的鹩哥园，模拟野外的环境，但效果很差，只能偶尔繁殖几只。据说，有些动物园有试验成功，不过都未形成生产力。要知道，现在能人工繁殖的鸟，都是经历过长期驯化的。"

鸟友："教鸟讲话，有人喜欢用放录机，那不是很省事吗？你为什么不用？"

黄姐："我们都用过，效果不好。因为没有人鸟互动，教出来的鸟往往人在时它不说，人走了才说话。况且，放录机有失真，会影响鸟讲话，导致吐音不准。人教有很多优点是机教所不能比拟的，鸟会看人的口形，学人的声调。男音教出的鸟讲男音，女声教出的鸟讲女声。我们发现，用童声和女声教鸟更容易形成讲话的条件反射。"

鸟友："百鸟园训练出的几十只会讲话的鸟，音质好，吐字很清晰，这有什么秘诀吗？"

黄姐："比较深刻的心得体会有三点：一是选材；二是用条件反射原理来训练；三是调教的人要声调优美。"

"我们到鸟市场选购时，很多人都说鹩哥大耳牛（耳牛为俗称，指鹩哥耳朵旁黄色的肉垂）的不好教，中耳牛还可以，小耳牛讲话最好。你认为怎样？我认为耳肉垂的大小和颜色的深浅是区分雌雄的一个标志，肉垂大而且呈深黄色的，多数是雄鸟。至于肉垂的大小与鹩哥容不容易讲话，话讲得好不好无关。你们刚才看到的讲话比较好的其中一只鹩哥正是大耳牛。"

鸟友："那么，你们挑选的标准又是怎样的？"

"就是要挑选健康的鸟，看大便，要没有拉稀，肛门无发炎情况；眼要有神，能注视挑逗物，物移动眼的视线也跟着移动，目光不能游离；张嘴要大，吞咽有力；伸手指让它抓，要抓得紧；胸部要丰满，不能胸骨突出；羽毛要有光泽，翅膀没断毛；鼻孔要大。雌雄不要紧，体形大小亦无关系，只要有爱心和耐心，都能把鸟调教好的。不过要说明一下，即使是从幼鸟开始调教，也有

十分之一左右的鹩哥是仍不会讲话的。会讲话的也有很大的个体差异，有的可以学会三种语言（英语、普通话、粤语），有的只会讲一种；有的可讲多个音节的句子，有的只能讲一两个单词。我们这里讲话最好的那几只鹩哥，都是百里挑一的，不用说，培训的时间更是加倍的。此外，在培训期间，饲料营养要好，以小鸡饲料为主，辅以鸡蛋、骨粉、昆虫（黄粉虫）和水果等。"

有些鸟友自己也在搞繁殖，规模不大，效率也不高。见习完培训鹩哥讲话后，鸟友就请求黄姐带他们参观繁殖房。正好此时鸟王也回到了繁殖房。

如何提高鸟的繁殖率

百鸟园里鸟的繁殖有两种形式，一种是在繁殖房人为操作下繁殖，巢箱、鸟窝、配对、供食等由饲养员一手包办；另一种是在鸟区中让鸟雀自然繁殖，与自然界的鸟的繁殖不同的是，鸟被限制在与外界隔绝的鸟区里。在鸟区里面的鸟也只有少部分可以在区内繁殖。对于大多数品种的鸟，鸟区不具备它们繁殖的条件，对此，鸟王总觉得亏欠了鸟儿们。

繁殖场由四个房子排列而成，安置有鸡尾鹦鹉、牡丹鹦鹉、七彩文鸟、灰文鸟、白文鸟、禾谷雀、白燕等十多个品种的鸟在繁殖，鸟箱的观察口面向走廊，游客可清楚地观看箱内鸟活动的情况。

鸟友们走进繁殖房，看到大大小小的鸟笼、鸟箱井井有条地排列着。有些箱里的生产鸟一看到人来就立刻入箱进窝，有的反而从窝里飞出来观望，若顺着走廊边走边看下去，会看到有的在抱窝孵蛋，有的在喂雏……

鸟友："经常有游客参观，会不会干扰鸟的繁殖？"

黄姐："开始一段时间，多少会有些影响，后来鸟儿也习惯了，当着游客的面也能喂雏哩！不过鸟怕噪音，所以会提示游客进来参观时声音

燕子喂雏（张九能摄）

要小。"

他们走到最后一个房子，那里是人工育雏和饲料配置室，有工作人员在喂小雏鸟，他们用小毛笔沾上糊状的饲料轻塞进张开的小嘴，近旁的雏鸟也张开小嘴嗷嗷叫，只好一个接一个地喂着。有两个小学生也在学着喂，有个鸟友忍不住也来喂了几口。

鸟友："这样喂不是很花工夫？为什么不让亲鸟喂？"

黄姐："用人工喂雏鸟有两种积极的意义，一是亲鸟可早些离开幼鸟，就可早点发情交配，早点再产蛋；二是幼鸟从小由人工喂大，可培训成半自由鸟（白天放出，晚上收回笼）。"

他们看到就在旁边的另一个工作人员摊开双掌，手掌里放着饲料在喂已"断奶"的幼鸟，有牡丹鹦鹉、虎皮鹦鹉、白文鸟、灰文鸟等。鸟友也拿了一把饲料放在手掌上，引得一群幼鸟来吃，吃得可高兴哩！简直把人当成它们的亲鸟。

鸟友："你们繁殖那么多鸟，这些鸟的去向呢？"

黄姐："主要为鸟园提供，因为我们开了好几个鸟园，有的鸟园没有繁殖条件。也有的是卖给游客，一般是配套卖的，即鸟笼、鸟箱、饲料等连种鸟一起卖，还教他们怎样饲养，并附一份资料。"

鸟友们走近放置饲料的桌子，看到摆放着各种各样贴上标签的饲料。有稻谷、粟、玉米、绿豆、黄豆、高粱、火麻仁、葵瓜子、苏子、菜籽等，还有墨鱼骨、蛋壳、贝壳等骨粉及新鲜水果、白菜，另有微量元素添加剂之类，数不胜数。

鸟友："饲料那么多名堂，鸟吃得了吗？"

黄姐："不是一下全部都喂的，一般以一两种为主食饲料。用什么为主食饲料及其他饲料的搭配，要因鸟种、时间、气候等来调节。同时也因为鸟的个体有差异，在喂养过程中要密切观察，及时调整。例如，对产蛋的母鸟加喂熟的鸡蛋黄；有的亲鸟已经离开了幼鸟，就要喂给它催情的饲料（火麻仁、苏子），而对仍在喂雏的亲鸟则暂时不喂（一发起情往往不喂雏）；有的鸟过肥，就要减少油脂饲料；对消化不良的鸟，就加喂酵母粉；等等。"

此时正好有一个初中班的学生在一位老师的带领下走进繁殖房参观，一阵喧哗。鸟王快速迎上去说道："同学们，大家进繁殖房请安静一点，小声说话，以免干扰了鸟的活动。这里有很多值得你们观看的。请看那边摆设着几十种鸟

蛋的标本,小到禾谷雀蛋,大到孔雀蛋、鸵鸟蛋,各种蛋的大小、形状、颜色都是有区别的。八哥的蛋是天蓝色的;鸸鹋的蛋形为长椭圆体,壳厚;大鸵鸟的蛋足有一公斤重,一个大人站上去也不会破。你们在这里还可以看到小鸟抱窝孵蛋、喂仔育雏的过程,相当于上一堂活的生物课。"

小鸟虽然在抱窝孵蛋,但也不能日夜不离窝,必须有翻蛋和冷却的过程,不然的话,蛋温度过高或受热不均匀就会造成死胎。本能的行为使亲鸟无师自通,懂得翻蛋与冷蛋。有些鸟就在离窝的空档,让眼利的小朋友清楚看到了窝内的情境,小朋友们边看边说:

"李芳,你看这窝有六个鸟蛋。"

"哎呀!阿伟你快过来看,这一窝鸟蛋有两只小鸟刚孵出来,小鸟像花生米般大小,红红的,一点毛也没有。"

"你们看,这窝有六只幼鸟,都长出针状毛了,张开小嘴要母鸟喂哩!"

带队的老师对鸟王说:"你们这个繁殖基地内容很丰富,学生们喜欢看,增加了生物学的知识。我回去动员别的班级也来参观。请问,有没有关于鸟繁殖的文字资料?给我一份可以吗?"

鸟王:"我们编印有繁殖的文字资料,一般情况下,每逢来买生产鸟的我们都送一份。既然您是老师,送您几份吧!资料对选种、饲料、照蛋、孵化、育雏、防治病等都做了较详细的论述,如有疑问,请来咨询。"

老师:"过些时候我也会来买一对回去繁殖,让小孩学着养,可培养她的爱心和责任心。"

最后,老师带学生们进入人工育雏室,孩子们争着喂幼鸟,由于人数太多,老师只好指定几个学生来喂,其余的在旁观看,个个跃跃欲试。学生们离开后,鸟友问鸟王:"鸟王,这个繁殖基地的生产率很高啊!每窝的蛋都是六个甚至七个,孵出率也很高,你是怎么做到的?"

鸟王:"要提高生产率,就要做好几个环节,首先要选好种鸟,种鸟身体要健壮,鸟龄要年轻,雌雄不能是近亲,鸟龄超过两年就低产了。其次是各种饲料要配足,以保证种鸟及雏鸟的营养。

"除此以外,操作的技术也是关键,措施是:第一,提高产蛋量,适量地把母鸟产下不久的蛋取走,过一两天母鸟会补生蛋,这样,会比原计划多产两三个。但不宜多用此法,这样做母鸟容易透支。第二,调整鸟蛋,把生产时间大致相同的不同窝的蛋经过筛选，淘汰无精蛋，拼够每窝六个左右，再让亲鸟孵。第三，起用保姆鸟（又叫义亲），文鸟中有一种名叫禾谷雀（又叫十姐妹文鸟）的鸟，抱窝能力及育雏能力特好，即使不是它的蛋或仔，也会对义蛋和义仔尽责。"

鸟友："你怎么会想到这种办法，亲鸟会接受吗?"

鸟王："别以为义亲没有识别能力，是能识别的。现实的自然界中，有些动物包括有些鸟，在特定的环境中，一旦本能的母爱发酵，母爱就会压倒一切。曾有过报道，印度曾发现过'狼孩'，母狼竟然能不吃叼来的人孩，而且将其与自己的狼仔一起喂养到几岁。还有绣眼鸟也会喂杜鹃的幼鸟。由此可见，鸟类的义亲是有的，此法是可行的。

"另外，通过观察也证实了鸟在特定的条件下，有补生蛋的功能。有一次，一场暴风雨把树上几个鹭鸟窝、斑鸠窝吹翻，有的整窝蛋掉了，有的减少了，没想到过一些时候，鸟儿又补产蛋。但不是每窝都能补，应该说，当母鸟产够了一窝蛋后，如果它的输卵管内仍有未发育好的卵，此时若遇到蛋减少的刺激，就有可能再产蛋。繁殖房里的生产鸟也有自己补生蛋的功能。但不要以为母鸟在任何时候都可以补生蛋，也有些鸟对自己的蛋的呵护十分敏感，例如鹊鸲，如果你取走它的一个蛋，它不但不再补生，还会弃巢而去。

"在繁殖房我们会利用价值低的鸟（如禾谷雀）做价值高的鸟（如七彩文鸟。七彩文鸟亦称'胡锦鸟'，有五颜六色的羽毛，非常漂亮，原产地澳大利亚，现已成为人工饲养的名贵观赏鸟）的义亲。起用了价值较低的'保姆鸟'之后，价值高的生产鸟每年就可多生产一两窝蛋。"

七彩文鸟

鸟友："我养了几对白燕（金丝雀），每窝产蛋六个左右，虽然产蛋多，但受精率却只有一半，怎样才能提高受精率?"

鸟王："提高受精率有两种办法，一是加多喂催情饲料；二是更换公鸟或多

配一只公鸟，两雄一雌（前提是两只公鸟不会打斗）。总的来说，为了提高繁殖率，选种、催情、配对、补生蛋、找义亲等程序，都要做统筹安排。"

鸟友参观了繁殖房，又到鸟区里参观，看到树荫下鸬鹚在抱窝，树上有鹭鸟、喜鹊筑大巢，鸟箱中不时有八哥进出，鸽棚更是热闹。忍不住又提出疑问："鸟王，在鸟区里鸟是自由配对繁殖的，你又怎样去运筹呢？"

鸟王："说到运筹，鸟区与繁殖房相似，同样道理，在鸟区的自然繁殖中，起用易得到的家鸟做难得到的野鸟的义亲。例如，用家鸽做鹭鸟的义亲，用土鸡做孔雀、白鹇、野鸭的义亲，从而提高了野鸟的生产率。不过要注意，食谱不同的义亲只能代孵，不能代喂养。比方家鸽孵出了鹭鸟后，因为家鸽吃粮食，而鹭鸟要吃鱼，所以幼鸟就要人工喂养，虽然工作量大了一点，但人工养大的鹭鸟可培训成为自由鸟。"

鸟友："这样说来，在鸟区里人也可以介入鸟的自然繁殖？"

鸟王："当然可以，人的介入同样可提高效率。有一回，我看到两只白鹭在忙着叼树枝和干草筑巢，很是吃力，一根一根地叼到窝点，再一条一条地堆搭上去，弄了半天才建造一点点，于是我就去帮忙。"

鸟友："你这样会不会反而帮倒忙，你一靠近不就干扰它们了吗？"

鸟王："不会的，能在鸟区里做窝繁殖的鸟都是从小人工养大的，它们把人看成朋友，不会有戒心的。我拿了一把干树枝、干草站在离巢很近的地方，把材料一根一根给它们，两只白鹭很配合地一根接一根筑起巢来，很快巢就做好了。"

记者："我采访过一些学校，他们会组织学生到招鸟点招鸟，主要是在树上悬挂鸟巢箱。广州某中学在校内的树上也挂上了鸟巢箱，但听说没有多大的效果，您能分析一下是什么原因吗？"

鸟王："南方的鸟与北方的鸟对巢的要求不同，北方的鸟大多筑暗巢，即在树洞、山崖峭壁的山洞里做窝，隐蔽而安全；南方的鸟大多建明巢，即把巢建筑在树杈上，但也有一些鸟筑暗巢，如八哥、鹊鸲、鹦鹉等。而人们在树上悬挂的巢箱，一般不够隐蔽，不安全，倒是老鼠做窝的好去处，鸟当然不怎么喜欢了。"

记者："如果面对的是野鸟，又是要建明巢的，你怎样帮助它们？"

鸟王："在自然界里，建巢的树杈有的是，鸟会自己选择，但在一个小范围的鸟区里,鸟就没有多少选择余地了,只有人为地为鸟创造些有利条件。"

记者:"能说得具体些吗?"

鸟王:"为鸟修整树杈,在分枝较多的树杈上人为地加减一些小枝(锯掉阻枝、扎上加固枝),把树杈修剪成像盛汤的大碗那样的形状,还要在地上放些小枯枝及干草之类,便于鸟儿筑巢。实践证明,这样做很受做明巢的鸟的喜欢。"

"由于人为做树洞难,我们也挂些巢箱,鸟区内几乎看不到老鼠出没(有铁网围住,又有猎狗捕鼠),所以都有鸟进鸟箱做窝,如八哥、亚历山大鹦鹉,大绯胸鹦鹉等。除了协助鸟区的鸟筑巢外,我们还协助喂雏哩!"

记者:"怎么协助,把幼鸟拿出来喂吗?那与繁殖房有何区别?"

鸟王:"一般来说,把饲料放在鸟区里,亲鸟会喂,像鹦鹉类根本不需要人的协助,亲鸟就能喂养好。但对一些要用昆虫喂的幼鸟,那就要人协助一下,为亲鸟提供喂幼鸟的饲料,一般用蛋调成软饲料加黄粉虫,放在鸟箱附近。但有时候别的鸟发现了就来抢食,所以我多在黄昏时(此时喂仔最频繁)就把这种特殊饲料端着站在一旁呵护亲鸟喂仔。亲鸟一次可衔三四条虫子,逐条塞进幼鸟张开的嘴里,一直喂到一窝幼鸟都吃饱为止,此时母鸟才自己享用,而公鸟则在喂仔过程中,自己边喂边吃。"

记者:"哦,您事事都亲力亲为,怎么不交给饲养员做呢?"

鸟王:"我就是喜欢亲力亲为,这样可以更多地观察到鸟的行为,这是一种难得的享受呀!比如有一次,八哥亲鸟在我手端的饲料盆里觅食时,一只山凤凰过来抢食,两只八哥亲鸟敢怒而不敢打。这山凤凰便得寸进尺,飞跳到幼八哥所在巢箱顶,想食'野味'。"

记者:"这回可糟了!八哥打不过它呀!"

鸟王:"在我所料之外。两只八哥亲鸟不知从哪里来的勇气,奋不顾身地扑向山凤凰,一左一右或一前一后地攻击对方,把入侵之敌赶走了。如果是平时,两只八哥是敌不过一只山凤凰的,可见拼死护仔是所有动物的本能行为。"

记者们听了一系列的回答和叙述,满意地微笑着。

记者:"教授,你真行,能够通过合理安排和调配人力、鸟力,巧妙地利用时间、空间等,在提高鸟的生产力的同时,又附带提高了鸟培训的效果,在鸟的繁殖中还用上了运筹学,不愧是'教授鸟王'。"

鸟王:"说实在的,搞鸟的繁殖要花很多人力、物力,但搞起来也觉得很有

意义,充实了百鸟园的内涵,可补充鸟园中鸟的损耗,从而减少对野生鸟资源的利用。从长远意义考虑,繁殖可拯救濒危鸟类,还可适当引进外来的鸟物种。"

养鸟必须懂一点医学知识

每年的冬季,都有关于禽流感的报道。值得自豪的是,几个百鸟园从未发生过禽流感,因为我们从几个方面采取预防措施:一是紫外线消毒,百鸟园各鸟区的阳光都很充足,我们尽量剪去遮阳的树枝,拆除遮阳的棚架,繁殖房用紫外线光管,笼鸟经常晒太阳,阴雨天气不对外开放。二是鸟的饮用水和食物加抗菌素。三是及时处理伤病。遇到鸟有伤病,就查清原因(鸟伤多是打斗引起,也有被铁网卡伤的),采取包扎(骨折要上夹板)、消毒、抗菌素、隔离等方法处理。天气骤冷时,还会降下鸟房的布帘,在鸟食中增加蛋白质。

有一次我们买进一批饲料忽视检查,两三天内竟死了一批鸟,检查发现是饲料发霉了,霉菌引起鸟中毒。还有一年,有好几只鹭鸟的幼鸟病死,经解剖发现是死于肝病,原来是因为用不洁的牛肝喂食引起的。因此,后来我们就尽量用自己生产的鱼、鸡蛋、蔬菜等喂食。

百鸟园备有多种药物,鸟病和人病所用的药基本相同,只不过分量有所区别。例如,鸟患感冒,症状与人相似,也会打喷嚏流鼻涕,只要把一点点人吃的感冒药喂之即见效。但有些鸟病必须手术治疗。

喂养幼鸟时,发现有些鸦科(山凤凰、喜鹊、松鸦等)幼鸟的头部会长肿瘤。最开始先是一团血肿块,后来越长越大,用针抽之,岂料抽了又长,还好长大到一定程度就不再长了。再过些日子血肿块变成硬块,此时用刀切开,把硬块取出,然后缝针消毒,不久即可痊愈。

斗鸡打斗导致头破血流是常有的,不会致命,涂点药水就了事。可是有一回,不仅是打得头破血流,有一只斗鸡被打中嗉囊致当场肿胀,两天不能吃喝,危在旦夕。后来我亲自为它动手术,把嗉囊切开,排干净里面已发霉的未消化的食物,再缝针消毒,喂它一点抗菌素,很快就好了。也有不用药物、不用手术就能治好鸟伤病的例子。

有一次,一只公鸳鸯与鹭鸟在池塘里争食,鹭鸟啄了一下鸳鸯的头,鸳鸯立即发癫痫，肚皮向上，歪着脖子，浮在水面上双脚乱蹬，捡回之后久久不能复原，职工们都说没有救了，只有等死，不如及早做成标本。我揣着它，仔细观察也看不到有伤痕，估计是啄到脑神经了，觉得通过按摩治疗或许有效，于是就每天亲自为鸳鸯填食，按摩其头部及脖子，坚持了约一个月，鸳鸯竟逐渐康复了。

第六章 自由鸟
——好似家禽，胜似家禽

百鸟园培训出这样的一群鸟，在园内外可以自由飞翔活动，又与人亲近，听主人的指令，各尽其职。

百鸟园有的鸟被困在笼中或拴在鸟架上，让人们去欣赏它们美丽的羽色、婉转悦耳的歌声和有趣的"人语"，虽说能给人们带来欢乐，但不符合鸟类的习性，这对鸟来说是不公平的。

如果既能让鸟儿自由飞翔活动，又能让人们欣赏到它们的美，甚至可以与它们交朋友，那不是两全其美吗？持着这种理念，鸟王就在他的百鸟园里开始进行试验——培育自由鸟。他凭着在百鸟园养鸟的经验，选定了好些鸟种，从幼鸟开始驯养。

鸟越小越容易调教（当然也越难喂养），人工喂养大的鸟，对人亲近，也对人有依赖性，但野外求生的本领差。依据这两个特性，再运用"条件反射"的理论来训练。

训练鸟飞跳到人的手上、桌子上吃食；训练鸟跟在人身后飞跳；训练鸟听指令（摇铃）就能自觉归笼……经过一段时间的喂养、训练和筛选，一批批成熟的鸟就可以白天放出，晚上归笼了，这种鸟叫作半开放式的自由鸟。这看起来似乎与农村农民养家禽没有多大区别，但其实不然。这些自由鸟与人亲近，并且担任不同的职责，可给人们带来欢乐和美的享受。

自由鸟迎客

有一年，百鸟园应邀出外摆设鸟展，地点是在广州的越秀公园。鸟展的内容按公园方的要求，摆设各种各样的笼鸟，有说人语的，有鸣唱的，有打斗的，还有正在抱窝孵蛋和喂雏的。因为鸟展的时间只有两三个月，没必要搞封闭式的鸟区，那就要求没遮拦地放养一百多只鸟雀，供游客观赏及喂鸟。

于是百鸟园就调了一大批半开放式的鸟雀到公园，在现场实地再培训一段时间就可上岗。这批鸟雀中，有的经常飞到鸟展门口售票处（售票员那里有吃的），充当"咨客"；其余大部分基本上都在展览区里活动，因为那里有很多笼鸟，物以类聚，而且有游客拿鸟食在喂鸟。

进来参观的游客，观赏多种多样的笼鸟的同时，又可喂鸟取乐。只要手上有鸟食，鸟就会飞到他的手上、肩上啄食，小鸟依人，十分可爱。有的游客走到门口，手上、肩上仍站着两三只鸟，就跟售票员开玩笑说："这几只鸟舍不得我走，我也很喜欢它们，我就这样带走啦！"

"只要你不捉住它们，自愿跟你走，那就算你有本事，鸟归你！"售票员很自信地承诺游客。

"一言为定，不得反悔！"游客激动地说道。

"不反悔！这两位游客可作证。"售票员对着旁边的两位游客微笑着说。

带着鸟的游客得意地快步往前走，一步，两步……顾不得看路，只看着两手中的两只鸟，只有脚动，手不敢动，眼看就要成功了。走离门口约十米远，看表演的两位游客也在为他高兴的时候，两只鸟突然逆着他前行的方向，一下子飞回售票员的桌面上，售票员就给它好吃的。那位游客不甘失败，再走回到门口，引来两位看客一阵哄笑。

"再来试一次可以吗？"游客不甘心地问道。

"可以再来，你若成功，承诺仍有效。"售票员依然自信地回答道。

那位游客又买了一杯喂鸟的饲料，重新进展览区带了两只鸟出来。这两只已不是刚才那两只了，羽色有异。此时又多了几位游客在看热闹，这回他慢慢走，生怕走路晃动惊走鸟，口中念念有词，似乎在对两只鸟说话。走着，走着，也是走到离门口差不多十米的时候，两只鸟雀又飞离他的手，直接飞回展区。

可能受在门口的游客哄笑的影响,所以没在售票处停留。

"这回我服了,你们训练出的鸟确实有素质,怪不得放那么多鸟出来也不怕它们飞走。"带鸟的游客一说,看热闹的游客也纷纷赞同。由于经常有鸟在门口"迎客",自然就把路过的游客引来参观。

由于种种原因,人们与鸟亲密接触的机会很少,在人的认知中,对鸟某些有趣的行为,若不是亲眼所见是很难相信的,上述的事例与下面的故事都可说明这一点。

故事也发生在这次鸟展,某天近黄昏时,工作人员带着两个穿校服背书包的中学生找鸟王:"教授,这两个学生在展览区捉了我们的鸟,每个书包装有两只,一共四只,他们不肯放出来。"两个学生一听是教授,肃然起敬,做了一番解释。

"是这样的,我们很喜欢鸟,它们又很听话,以为是野生的鸟,所以捉几只回去喂养。"其中一个说。

"小孩子喜欢鸟是天性,我小的时候也喜欢养鸟。不过你们进来参观应该遵守规则,只能喂不能捉。"鸟王教导道。

"教授,公园本来就有很多鸟,与你们的鸟混在一起,又没有标记,你怎样证明我们捉的鸟是你的?"这个学生厉害,敢于辩驳,难怪他们不肯把鸟交出。

鸟王知道他俩心里也明白,他们是违反了规则,但不好承认,就故意给他出了个难题。既然他们挑起了话题,那就乘机教导一下他们吧,鸟王心里想着,说道:"在学校老师有没有教导你们要保护自然环境,要爱护野生动物?"

"有呀!前些时候学校还举办了一场爱鸟活动,所以我们就喜欢鸟了。学校还组织一些同学到湿地公园挂招鸟箱哩!"另一个学生回道。

"你们捉鸟,就不是爱鸟的行为。鸟在大自然里吃害虫、传播物种,有益于农业,又会唱歌,羽色漂亮,给人们带来美的享受,所以你们应该把它们放了。"

看到这两个学生无言而对,点头表示愿意放了鸟儿,鸟王继续说:"你们捉的鸟确实是我们驯养的,稍等一下,马上可以证明。"

黄昏到了,鸟王安排工作人员做收鸟的准备,把排放在树荫下的十几个养鸟的群体笼的笼门打开,在每个笼里放置足够的食料。鸟王手中拿着摇铃摇晃着,"铃!铃!……"随着铃声响,自由鸟从四面八方飞来,争先恐后地进笼啄食。鸟王就对两个学生说:"把书包的鸟放出来,它们肯定会进笼!"

他俩看到群鸟进笼的动态,兴奋不已,也听出教授的话没有商量的余地,于是打开了书包,被书包闷了一阵子的鸟,"叽喳"一声飞快地冲进群笼。两个中学生睁大眼睛目送四只鸟归笼,心服口服地对教授说:

"教授!你真厉害,连鸟都教得那么听话,一听到你的指令就归笼。还有那些笼鸟,不但会说广州话,普通话也会说,英语也会讲。"

"教授毕竟是教授,下次我们一定带很多同学来参观鸟展,要听鸟说人语,看群鸟归笼,太好玩了!"

扮演放生鸟

另一处的鸟展是在佛山市南海区,展点设在南海南国桃园景点附近的一个叫作"香格里拉"的别墅区,鸟展的规模比越秀公园略小,不同的是四通八达,不收门票,这样,放出的自由鸟就不用做"咨客"了。

这个南国桃园景点的深处有一个寺院。寺院虽然规模不算大,香火却甚旺,不时会有虔诚的信众到寺院拜佛,拜佛打斋后再放生鸟雀。

鸟王去寺院看热闹,目睹了放生的全过程,觉得大师和信众们爱护生灵的佛心可嘉,但缺乏理性。他们不懂得鸟雀的习性,很多被放生的鸟雀是从鸟贩手里买来的,经过长途运输,身体十分孱弱;有些也不是当地的留鸟,即买即放,这样的放生,能生存下来的极少。尽管大师为它们念了"放生咒语",有佛祖的保佑,但也难免一死。

看了这种现象,鸟王突发奇想,从鸟展处调来一批经过训练的半开放式的自由鸟,以便宜的价格卖给信众们放生。信众们在放生的现场看到,从鸟市场买来的鸟,一放出笼,身体好的立刻飞走,无影无踪;身体差的飞不起来,只能在地上跳来跳去,即使不被顽童抓走,一到晚上也必成为蛇鼠口中餐。而买百鸟园的鸟放生就大不相同,出笼后有的飞到附近的树上;有的引吭高歌;有的飞跳到人们的身旁,似在向游人要吃的。对比之下,信众们都愿意买百鸟园的鸟放生。

又有谁晓得,一到黄昏,在鸟展处的鸟呼唤下,加上归巢的信号发出,被放生的自由鸟依次进笼。当然也有少数受到大自然的诱惑,多玩一两天才归笼。

个别野外求生本领特强的就不辞而别,带着大师和信众们的祝福,回归大自然。次日早晨,鸟园的工人又再把一笼一笼的自由鸟搬到寺院的附近,等着信众们来采购。

每逢寺院做佛事放生,信众们自然捐香油钱答谢禅院;百鸟园循环卖放生鸟,几乎不花本钱就有收入;信众们看到被放生的自由鸟活蹦飞跳,枝头鸣唱,对他们依依不舍,个个都开心开怀;鸟雀也能享受到异地"旅游"的乐趣。这样做皆大欢喜,何乐而不为?

菜地捉虫

前面介绍过鸟类表演中的"椋鸟捉虫",那是在表演台上"模拟"的捉虫,也有"实战"捉虫的。百鸟园内种有一片蔬菜,不时会有害虫,只要工作人员吹着哨子,一群在附近活动的自由鸟就会跟着去菜地,用它们灵活的小嘴把菜叶撩拨翻转,见虫就啄,也有的飞到菜地附近的木瓜树和葡萄棚架里捉虫。经过一阵"秋风扫落叶"之后,工作人员再就地撒些饲料"慰劳"这群自由鸟。

其实蔬菜瓜果灭虫,喷洒农药更省事,鸟园用鸟捉虫,是"项庄舞剑",意在让游客感受到鸟有益于人类,自然界生物之间是相互依赖而且又相互制约的。

人鸟共餐

自由鸟中的虎皮鹦鹉、牡丹鹦鹉和白文鸟、灰文鸟都不是野生鸟,在野外不易找到食物。如果游客手上有一把粟,一群鹦鹉就会飞来啄食。小孩子们更喜欢玩手掌文鸟游戏,在鸟园工作人员的安排下,几个小朋友排好队,伸出手掌,每个手掌上都放有粟。工作人员引来一只灰文鸟和一只白文鸟让它们从第一个手掌开始,边吃边飞跳,直到吃完所有小手掌上的食物。

一群椋鸟在菜地捉完虫后,就经常在桌子附近活动,只要见到有人在桌子旁吃东西,它们就飞到桌子上向游客要吃的。有的游客在宣传栏上看到人鸟共餐的画面,不满足于喂虎皮鹦鹉和椋鸟,也不想与小孩子们玩那手掌文鸟游戏,就请工作人员安排他们与会讲话的鹩哥"人鸟共餐"。

工作人员把面包、饼干、香蕉等卖给游客,让三五个游客围着桌子坐好,

人鸟共餐（黄泽伟摄）

有鸟来时就边吃边喂鸟。准备就绪，工作人员就把近旁装着鹩哥的笼门打开，一群鹩哥立刻飞跳到桌子上，大大方方地啄食桌面上的食物，如果游客放食物慢了一点，它就直接从游客手中抢着啄食。

为什么安排鹩哥与人共餐呢？因为鹩哥杂食且食量大，不易喂饱，而且吃得开心时偶尔会讲上一两句话，对游客有吸引力。有一次共餐时已是下午四点多，有一只鹩哥突然说"good morning"，引得两个共餐的游客大笑，竟把口中的饼干屑、面包屑喷了出来。还好，鹩哥不介意，用它灵巧的小嘴把碎屑啄食得干干净净。

因为鹩哥是精品，价值高，所以人鸟共餐后要立即收归鸟笼。相比其他自由鸟，鹩哥的自由度较小，不过经常有游客"请客吃饭"，也算是一种补偿吧。

成为大湿地岛的留鸟

佛山市南海区金沙镇有一个主题公园——南海大湿地，据说开发前有一个长而阔的沙滩，还有一片天然的大湿地，面积约几公顷，生长着红树林、芦苇

荡。有多种野鸟在那里活动，水中有鱼儿游弋，河的分支正好把这片湿地环绕形成一个狭长的湿地岛，水清见底，随处可见游鱼穿梭。岛中有一个小岛，小岛上有很多大树，草地绵连，成群结队的鹭鸟喜欢在小岛活动、繁衍，这个小岛叫作鹭鸟岛。

大湿地的开发者把失修的建筑物重新装修，又增建一些新的，利用沙滩建了游泳池。此外还设置了生态馆、蝴蝶馆、鸟类孵化区、烧烤区、魔幻室等很多游乐设施和观赏的景点。又从云南请来一批少数民族的演员进行歌舞表演。购买了一批游船，设想中，游客可乘船兜游湿地岛，经过鹭鸟岛时可观看到岛上的鹭鸟，偶尔还能看到"一行白鹭上青天"的诗意景象，欣赏到原始的热带雨林、芦苇荡、湿地花谷。

岂料在筹建的过程中，大兴土木，人来人往，把小岛的鹭鸟惊走了。小岛没有鹭鸟，显得没有生气，也缺少灵性。曾经参观过百鸟园的大湿地老板，就邀请百鸟园的鸟王来商议，希望在小岛放养一大批不同品种的鹭鸟，要求它们不但不会飞走，而且不怕人，游人来坐游船时可以喂它们，鸟王欣然答应。

接下来的工作就是要买一大批鹭鸟的幼鸟，把它们培训好在小岛上岗。每逢春夏季，鸟市场有很多幼鸟卖，可是就是没有鹭鸟的幼鸟。怎么办呢？鸟王想起了新会的小鸟天堂和顺德均安的生态乐园有很多鹭鸟在活动和繁衍，也听说不时有幼鸟掉下来死掉。正好鸟王在这两个地方都建有百鸟园，于是就去实地考察。

这两个地方鸟王都很熟悉，这次抱着捡幼鸟的目的去，就分外认真观察了。新会小鸟天堂有一个鹭鸟岛，面积有两公顷。岛上生长着一片榕树，这些榕树很特别，气根多而发达，树生根，根连树。那片榕树最初是由一棵榕树经长期繁衍形成的，它们连成一片，现已无法分清到底哪一株是母树。在茂密的树丛中，隐约可以看到很多鸟窝，听到成鸟的叫声与幼鸟的求食声。榕树林栖息着数十种鸟类，以白鹭和夜鹭居多，由于枝叶太密，不容易看到树上的鸟。

环绕岛的江水受潮汐的影响，鱼虾蟹涨潮而来，退潮时却有相当部分留了下来。还有很多蟛蜞和小泥鱼（这是当地人的叫法）常在岸边的泥泞中爬行。这些鱼虾类的水生动物，就成为岛上鹭鸟取之不尽的食物。

尽管不愁吃，鹭鸟还是会离岛远飞活动。每天早晨，以白鹭为主的鹭鸟成群结队从岛上起飞外出"旅游"，与此同时，"夜行侠"夜鹭不知在哪里折腾了一个晚上，要回岛休息了。一到黄昏，白鹭归巢的同时，夜鹭又外出"走江湖"了。

这样，每天的早晨和黄昏，成群结队的黑白鹭鸟就在鸟岛附近的上空相互交替，翩翩起舞，嘎嘎而鸣，非常美妙壮观，难怪这个岛有小鸟天堂的美誉。二十世纪三十年代，大作家巴金游后写了散文《鸟的天堂》，文中所描述的就是这个地方。

清净的江水丰富了当地人们的生活，造就了一个小岛以及岛中的榕树林，岛和榕树林接纳了大自然之骄子——鹭鸟。江河、小岛、榕树、鹭鸟，这一切给当地的人们带来美的享受，带来财富，提供了"正能量"（俗称"好风水"）。因此，当地人把这里都视为吉祥地，十分爱护。

鸟王在船工的带领下，第一次上岛就捡到两只小白鹭，如获至宝。船工还告诉他，有一回大台风过后，工作人员在岛上捡到一小箩筐掉下来的鸟蛋和幼鸟。多可惜呀！大自然有时候就是那么无情。有了第一次的收获，在那里经营百鸟园的工作人员自然就设立鹭鸟"收留所"，每天静悄悄地上岛去捡幼鸟，拯救并饲养它们。

白鹭（张九能摄）

这样捡漏仍满足不了创建鹭鸟岛的需求，鸟王只好又到顺德均安生态园考察。生态园那里也有一个小岛，小岛的周围是鱼塘，塘里有丰富的鱼虾，小岛生长着很多松树和竹子，于是吸引了很多鹭鸟在那里觅食、活动、栖息、繁衍。游客可以享受到观鸟的乐趣，鹭鸟在那里也受到保护，因为外来游客不能上岛，即使是本单位的工作人员也不能上去，以免干扰鸟类。小岛上的树虽多，但不太茂盛，岛也不大，鹭鸟在岛上没有隐蔽性，所以在繁殖季节，可以看到岛上的每棵树都筑有很多鹭鸟巢。亲鸟就近取材，在周围的鱼塘就可轻易地叼鱼来喂雏。幼鸟受喂时的"嘎嘎"叫声阵阵传来，若靠近一点观看，可看到较大的幼鸟伸长脖子要食的场景。若说新会的鸟岛是小鸟的天堂，那么

这里就是鹭鸟的乐园。

由于岛中鹭鸟的密度太大,有一部分鹭鸟就迁移到邻近的竹林里筑巢繁衍后代。鸟王到竹林考察,发现也有鹭鸟的幼鸟掉在地上。与小鸟天堂那里一样,幼鸟一旦掉在地上,亲鸟就无法把它们叼回巢,只好放弃。

鹭鸟的幼鸟为什么那么容易掉下来呢?原因有二:一是鹭鸟不怎么会筑巢,它们的巢很粗糙,用干树枝和干草堆起来,巢窝很浅;二是鹭鸟的脖子和脚都很长,幼鸟求食时,只要把脚和脖子一伸,重心就容易离开鸟窝,幼鸟的爪力又小,就会掉下来。掉下来的幼鸟,也有跌伤跌死的,没有受伤的,也还不会飞、不会觅食,在地上边叫边爬,挣扎在死亡线上,十分可怜。鸟王见到就迫不及待地收留,见一只捡一只,几乎每天都有收获,而且品种有白鹭、夜鹭、牛背鹭、池鹭等,更难得的是捡到两只苍鹭——鹭鸟中的"大哥大"。把捡回的幼鸟培训成自由鸟,真是一举两得。

捡来的鹭鸟第一时间要用电灯泡加热保温,接着喂食。由于捡到的鹭鸟大小不一,喂食亦要有讲究。母鸟喂小幼鸟时,是从口里把半消化的鱼吐出来喂的,所以要把新鲜的鱼切碎成鱼饼,然

苍鹭

后一小点、一小点地来喂,对大一点的幼鸟就可直接喂小鱼或小块鱼肉。喂鹭鸟的幼鸟比较好玩,只要食物一碰到嘴边,它就用小嘴咬住,接着吞咽,有时吞到脖子歪了也还要吞下去,从不知饱,刚开始无经验时,亦有把幼鸟喂到饱死或消化不良的。

培训鹭鸟时,除了培训对人的亲近和依赖性外,还要培训它们以岛为家,听信号来觅食。为此,有时需要请公园的其他工作人员乘船来喂鸟,使岛上的鹭鸟形成这样的条件反射:摇铃响,游客乘游船来向岛上抛鱼,成群的鹭鸟应声而来。鹭鸟以白鹭为主,还有牛背鹭、夜鹭、苍鹭等,此外还点缀放养几只鸬鹚,这些鸟经训练成为自由鸟。为了鸟儿的安全,在岛上建有几间树皮小屋,

遇到暴风雨时可供鹭鸟自行栖息,正常的情况下它们都在树上过夜。该湿地公园地处荒野,夜晚常有蛇鼠游到岛上捕鸟为食,为此,岛上放养一只猎犬,用来捕蛇捉鼠,又可威慑想来偷鸟的人。临时性培训房在幼鸟长大以后仍保留,遇到台风时鹭鸟可进去躲避。岛上日夜都放有鸟食,除饲养员、驯鸟师外,其他人员不能上岛干扰。以上种种措施对于鹭鸟来说虽是人为为之,但该岛本来就有野鹭鸟在此生活,加上这一批人工培训的鹭鸟自幼在岛上长大,所以它们长大以后,也就接受了这个"家",成为鸟岛的留鸟。鸟的特性就是飞翔,吃饱的鹭鸟要到处飞,活动的范围不但离开了鸟岛,还会离开湿地公园。

有一部分鹭鸟为了改善"伙食",会自行捕鱼吃(可能是人喂的鱼不够生猛)。鸟王观察到,不同的鹭鸟,捕食时也各有特点。大白鹭用它的细长腿涉水把水搅动,把鱼虾赶出来再啄食;池鹭一般不采取主动,而是静静地站在水边的栖物上,伸长脖子,嘴朝下,纹丝不动地等待猎物靠近,然后出其不意地袭击,成功率较高;牛背鹭与众不同,只要附近有牛在吃草,它就停在牛背上(也因此得名),啄食牛体上的寄生虫、苍蝇或待牛吃草时被惊起的蝗虫,遇不到牛时也捉鱼为食,啄蝇时,为防止啄空,往往摇晃几下头,边摇边

夜鹭

接近蝇,然后突击啄向目标,十拿九稳;苍鹭性静而有耐性,可以几个小时一动不动(鸟王曾用手机拍下苍鹭在水边待捕鱼的姿态,然后回去午睡,睡醒起来看它,还是那个姿态),难怪人们称它为"老等",其站江等鱼之耐心胜于宋人守株待兔;夜鹭是一名"夜行侠",白天饿了也去觅食,但大多时候是懒洋洋地栖在树上,到了黄昏再出动,飞到江边觅食随潮汐而来的小鱼或夜间活动的鱼蟹之类。

放养在湿地公园鹭鸟岛的鹭鸟,是属于全开放式的,没有任何约束。这些鸟大部分都在岛上生活,能与大湿地和谐共生,也有小部分飞离。物以类聚,

鹭鸟是合群活动的,也有野鸟常来岛上。到繁殖季节,鹭鸟在这里筑巢繁衍,可以说是恢复了岛上本来的生态面貌。

为了检验岛上的自由鸟是否"尽责",鸟王再次来到南海大湿地察看,正好遇到记者来采访,于是与记者等一行人坐上公园的游船。湿地的风光让他们心旷神怡,载着游客的游船一艘接一艘,在导游的引导下经过鹭鸟岛时做短暂的停留,让游客喂岛中的鹭鸟和鸬鹚。

船靠近鹭鸟岛后,将鱼抛上岸边,驯鸟师摇响铃,鸟儿就知道食物到了。站在河边竹排的三只鸬鹚,伸长脖子,发出低频的吼叫;树上的鹭鸟纷纷飞落河岸边,有几只竟下水浮在岸边的水面上。鹭鸟扇动着翅膀,发出高音的"咯咯"的欢叫声,引来一批野白鹭也来做客。游客接二连三地把鱼抛给鹭鸟,有人负责抛喂,有人负责拿手机、相机拍摄。有些鱼因抛不到位而掉进水里沉了下去,鸬鹚也很配合,没有跟鹭鸟抢岸上的鱼,只是潜水捞鱼。其中一只野战能力特强的老鸬鹚,对于游客喂给的半死的鱼,竟不愿食"嗟来之食",迎浪而上,直奔江心潜水捕鱼,在游客的喝彩声中,捉上并吞下一条又一条的河鱼。

看到这种活跃的场面,船上的导游小姐兴致勃勃地讲解:"生活在江边的渔民,都养鸬鹚用来捕鱼,它对渔民来说是活的生产工具,可是,有些人却要把它吃掉,也吃鹭鸟,太残忍了!"

游客:"看了这样的表演,以后叫我吃鸟我再也吃不下了!"

导游:"唐代诗人杜甫对渔民养鸬鹚捕鱼曾这样描述:'家家养乌鬼(鸬鹚),顿顿食黄鱼。'"

此时,恰巧那群来做客的野白鹭吃饱了,向晴空飞去,记者一时诗兴大发,站起来仰望空际高声朗诵道:"两个黄鹂鸣翠柳,一行白鹭上青天。"

众人拍手称赞。在游客们回味余欢时,偶尔听到有人说道:"鹭鸟啄食时像跳舞一样,鸬鹚捕鱼的喙部真犀利,可惜看不到它在水下捕鱼的情景。"

鹭鸟的身体特点是脖子长、腿长,啄食时身体起伏,脖子伸缩,不论是幼鸟还是成鸟都表现出这样的动作,尤其是群鸟争食时,十分活跃,像"群魔乱舞",这位游客说对了。鸟王突发奇想,何不将鹭鸟这种本能行为美化为舞蹈?

于是从幼鸟开始培训,当幼鸟会站立行走时,就以食物引诱,并配上有节奏的音乐,训练幼鸟随音乐的节奏与人互动。鸟能飞时,就训练它们飞到人的手上、肩上与人共舞，当然，要让鸟处于半饥饿状态，边让它们跳舞边悄悄地给食。就这样，把培训好的一批鹭鸟用来做鸟类生态表演，此外，在表演台前又做一个大的透明水箱，让鸬鹚在水箱中进行潜水捉鱼表演。如此调整之后，效果甚佳，获得了一批批游客的称赞认可。

第七章　八哥的人性与鸟性

如果一个宠物从小由人喂养长大，很少接触同类，并长期与主人生活在一起，它就会熟悉主人的习性，能"听"懂主人的话，领会主人的肢体语言，也就是"人性化"了。假若它再回到同类那里，经过一段时间后，它的本性就会恢复。

百鸟园内放养着开放式的自由鸟，全部都是由幼鸟人工养大的，会说人语的鸟也是从幼鸟人工养大的。其中鹩哥、八哥都会讲话，但鹩哥幼鸟的价钱是八哥的 20 倍左右。百鸟园自然会想到，只要培训足够数量的八哥讲话，岂不是可以节约成本？但如何培训呢？

有些人或书介绍了这样的方法：要使八哥能快些学会说话，必须将它的舌头修理，一种办法是磨舌，用木炭灰涂在八哥的舌头上，然后用两个手指（拇指和食指）捻着八哥舌轻轻地摩擦，直到舌头那层硬质被磨去；另一种是用剪刀把它的舌尖剪去一点，把舌尖修剪成弧状。

鸟王对这些方法半信半疑，担心把八哥折磨死，而且觉得人为地动手术削弱八哥的某些功能，例如修舌、剪翅、拔尾巴毛等，这些做法是不可取的。既然这些方法有害无益，那就按照培训鹩哥讲话那样的方法进行。经过多批鸟的培训，鸟王得出的经验是：不同的鸟种，讲话的差异很大，鹩哥讲话音量大，声调与人十分接近，词语多，学话快，约百分之九十的幼鸟经培训后可讲话。八哥在上述的各方面都比不上鹩哥，而且差距较大，所以两种鸟的差价很大是符合市场规律的，但八哥的智商和灵敏度都胜于鹩哥。

在说人语方面，不同种类有差别，即便同一种类的鸟也存在个体的差异。所以要得到高素质的鸟，必须从群鸟中筛选，百里挑十，再在训练过程中十里挑一。

在对多批八哥的培训中，鸟王发现有一只八哥特别灵巧，不但会讲话，而且对人特别亲昵，对训练的信号反应特别快，还能读懂主人的某些肢体语言。例如，指令它进笼它就进笼，自己还会进笼拉屎。所以它能享受"单间"（即单独一个鸟笼）的待遇，而其他

八哥

八哥只能住"集体宿舍"（即关在群体笼里）。鸟王特地为这只八哥起了个名：小聪。

小聪因为聪明又听话，深受主人的喜爱，所以它的笼子就挂在主人的房里。笼门常开着，只要天快黑了，它就自动进笼子，因为八哥晚上是看不到东西的。每天早上，早起的小聪飞出鸟笼，飞到百鸟园中的树上或草地玩耍。玩到有点饿了就飞回窗口，向主人打招呼："教授，早晨！教授，早晨！"驯鸟的工人曾教过它讲这句话，有时它也听到工人与鸟王这样打招呼，所以它就学会了这句话。听到这样亲切的呼唤，为了强化小聪这种举动，贪睡的鸟王也只好翻身起床，伸个懒腰之后，睡眼惺忪地拿好东西给它吃。小聪得到奖励，尝到了甜头，每天早上都会来打招呼。

鸟王吃早餐时，总带上面包、饼干之类，小聪只要见到就飞到餐桌上。鸟王逗它叫"早晨"，说了就给吃。可是鸟类的思维与人类有较大差距，有时在中午或下午它同样会叫"早晨"。如果遇到这种情况，即使说了也不要给吃的，对错误的条件反射不强化，就会逐渐消失。类似这样训练，才能让鸟逐步建立人们所希望的条件反射。

百鸟园有一批盆种的花果，鸟王每次去摆弄盆种花果时，都喜欢用口哨叫小聪来做伴。它一来就飞跳到花盆上，用它灵巧的嘴左拨右翻去捉虫。青虫喜欢吃盆桔的叶，利用本身的颜色作掩护，躲在叶的背面很难发现，能逃过人的目光，却撞在了小聪的嘴里。还有那些粘在柠檬叶背的小蜗牛，往往也逃不过小聪的尖嘴。

当鸟王去训练群鸟时，只要小聪见到，就一定陪伴左右。例如，把鸟引到

菜地捉虫，或者引鸟上餐桌与人共餐，小聪都是"一鸟当先"，起带头作用。可是，训练完毕群鸟依次进笼时，小聪不但不带头，反而在笼外徘徊，赶它进也不肯进。它懂得进了群体笼后，就没有那么自由了，反正在鸟区外也有些放养着的自由鸟，它并不孤单。

由于鸟王要管理多个百鸟园，暂时要离开小聪所在的鸟园，这时就由工人小琴负责喂养小聪，小聪自然也对小琴产生依恋。小琴负责鸟园的伙食采购，每天要骑自行车到肉菜市场进行采购。每当小聪看到小琴骑车外出，它就飞到自行车尾架上，有时也站在小琴的肩膀上，送小琴出鸟园门口，出了门它就自觉地飞回鸟园。这种行为不需要调教，众人不解，问鸟王。鸟王解释说："百鸟园的外面虽然树木茂密，但很难看到鸟雀活动。对小聪来说，它可能意识到暗藏杀机——有天敌。鸟的天敌除了蛇鼠、猛禽外，还有猎鸟的人。相比之下，在百鸟园，鸟雀满园，有同伴的陪伴，有主人的呵护，有好玩的，又有吃的，干吗要飞到外面冒险？这表现出小聪有安全意识，有归属感。"

为什么小琴买菜回来时，只要小聪看见，又会飞到鸟园门口迎接她呢？原来是因为小琴看见小聪来接她，就顺手撕一点小肉块或摘一节菜花喂给它，让它有亲切感。

小聪的安全意识还表现在它对游客的态度上。它从小就对人很亲昵，如果游客有东西吃，它就飞到游客身边。像有些进园的游客会坐在树荫下吃零食，小聪就会带动其他的自由鸟走近，游客顺手把一些饼干、面包、水果等扔在自己的身旁，小聪等鸟就来吃，越吃越走近，吃完了地上的零食之后，就飞上石台，进而飞跳到游客的手上要吃的，有趣极了。但小聪与人亲昵的同时，对人也十分警惕。只要你的目光聚焦在它身上，它就会停嘴看着你，若你的肩膀稍一动，它就会从你的手上或桌上飞走。你想捉它，但它总会比你快半拍。它之所以这么灵巧，是因为它曾被一些顽童捉过两三次，以后就变得聪明了。

鸟王的房子在鸟园职工宿舍的二楼，有一次一位男性朋友来找他，刚踏上楼梯，冷不提防小聪在附近的树上飞下，扑向来客穿着凉鞋的脚，用爪来抓，又用嘴啄。可能攻击力不大，客人以为是跟他玩，不理睬它，继续往上走，很快就走到房门口与鸟王打招呼。此时的小聪急了，立刻改变战术，进攻上三路，飞到客人的头上，"咕咕"叫（这是攻击的信号，平时是"嘎嘎"叫），用爪猛抓客人的头发，又用嘴啄他的耳朵。

"哎呀！鸟抓我的头发！"客人这回有反应了。

出门迎客的鸟王，第一次发现小聪攻击陌生人，不知所措，只好拿出好吃的食物引开它。

假如是狗突然攻击，朋友肯定又害怕又气恼，但没想到攻击他的竟是一只小八哥，朋友反而觉得新奇，还夸教授驯鸟有素："教授，你的八哥真厉害，可以当保安啦！"

"对不起，我没有训练它攻击人的。"尽管朋友不介意，鸟王还是解释并表示歉意。

自此以后，小聪也发生过攻击上楼梯的陌生人的情况。若陌生人进入鸟王的房间，也就是小聪鸟笼所在处，它就攻击得更厉害。这种行为，是安全意识的发展，形成保护领土的意识，是鸟的一种本能。猛禽保护领土的意识更明显，一旦有陌生人或别的动物进入它的领土，认为其威胁到它的安全，就会发起自卫攻击。

鸟王发现小聪还有保护同类的意识。小聪是自由鸟，八哥属于合群活动的鸟，所以小聪平时常和其他自由鸟合群活动嬉戏，或飞到鸟区的铁网外与网内的鸟叽喳交流；或与悬挂着的鸣唱笼鸟对唱；有时还会逗会讲话的笼鸟说话。每当它发现有人摇晃鸟笼，或用小树枝拨弄笼鸟时，它就飞到该笼的顶上，张开翅膀，张"牙"舞爪，"咕咕"地叫着，对其进行警告。这种警觉的行为，也没有人教过它，实在可嘉。

只要鸟还未吃饱，就会四处觅食。经过培训的鸟不怕人，只要人的手上有东西吃，它们就跟着人要吃的，甚至飞跳到人的手上，能与人和谐相处，这一点小聪表现得尤其明显。但当你违背了它的意愿或威胁到它的安全时，它宁可不吃，并且野性会发作。小聪的野性表现在不让你从嘴里抢走食物，不让你触摸它，哪怕是主人也不行。鸟王曾做过试验：让一个陌生人手里拿着鸟喜欢吃的食物，走上楼梯向房里走去，小聪不受食物的引诱，第一时间就发起攻击。此外，如果看见人们手里拿着能攻击它的东西，或者听到突发的声响，它即便正在吃东西也会立刻飞走。这种反应，不光是小聪有，而是大多数鸟类的一种本能。

像小聪这样的鸟，自幼由人养大，它所处的环境可与人亲密接触，又可以与其他鸟混群活动，这就造就了它同时具有"人性"和"鸟性"的两重性。这

种两重性在怎样的情况下会发生变化呢？

春天到了，沉睡的生物开始苏醒，鸟儿也活跃起来，发情、求偶的好戏不断上演。小聪已是一只性成熟的雌鸟，当然也不例外。从八哥头上的冠的大小高低可判别雌雄，小聪的冠小而低，应该是雌鸟。立春后它很少单独飞来飞去了，不知什么时候恋上了一只雄鸟，经常与其出双入对，那只雄性的八哥也是从小人工养大的自由鸟。当鸟王在吃早餐时，小聪带上雄鸟一起飞到餐桌上，这使他分外高兴，拿更多好吃的东西给两只八哥吃。令他喜出望外的是，这两只八哥也一起飞进他的房间，不久还双双进小聪的笼过夜（同居）。

八哥和大多数其他品种的鸟一样，是一夫一妻制的。小聪在度蜜月期间，"人性"淡了，很少陪在主人左右，也不飞到小琴的自行车尾架了，小聪的"鸟性"占了上风。

鸟王看到在鸟区内有几种鸟在忙于筑巢，尤其是喜鹊，它筑巢在大树的顶部，用干树枝和干草做得特别大。八哥的巢是要在隐蔽处的，在野外筑巢于树洞或山洞。小聪与公鸟已同居，也该是筑巢的时候了。于是鸟王做好一个木箱，木箱开有亲鸟能进出的小洞，洞口装有一块踏板，木箱挂在小聪鸟笼的近旁。

果然不出所料，小聪相中了这个小木箱做巢。在它的领域内安全，木箱又实用，自然水到渠成。接着两只八哥开始衔草筑巢，衔草进箱洞前，先站在踏板上歇脚，然后钻进洞里，方便得很，两三天就筑巢完毕，小聪也开始在箱内抱窝生蛋。

鸟王做鸟箱时，在箱的顶部安装了活动板块，母鸟不在时可以拉开活动板偷看箱内的巢。小聪一天生一个蛋，一共生了五个，最后一个蛋是隔天生的，蛋呈天蓝色，很是漂亮。生完蛋之后，小聪几乎是日夜抱窝，偶尔出窝到鸟笼里觅食、拉屎。雄鸟多在附近活动，有时站在鸟箱顶上；有时站于窗台；有时看到小聪外出，偶尔也进窝代孵。雄鸟的警觉性很高，只要有别的自由鸟飞到窗台，它立刻就出现把对方赶走。

约半个月后，终于孵出了小鸟。两只亲鸟轮班去叼虫喂仔，一个飞出去时，另一个就伴在窝里；当一个在喂雏时，另一个就飞出去叼虫，配合得很默契。很少两只亲鸟同时出去，但鸟王终于找到了空档，打开箱盖偷看到了刚孵出一两天的幼鸟。五只幼鸟眼睛还未睁开，全身光秃秃的，半透明，隐约可看到嗉囊里的食物和肚子里的内脏。五只幼鸟紧挨在一块，只要轻轻地触动一下巢边，有的就伸长脖子，张大小嘴，发出细微的"叽叽"声——它们以为亲鸟来喂食，十分可爱。

鸟王担心亲鸟难找到虫子，又怕它们都依赖于主人提供，于是只在黄昏的时候提供喂雏的食物——用小碟装上一些切碎的熟鸡蛋和黄粉虫，亲鸟也会就近取之喂仔。每逢亲鸟叼食物进窝，里面就发出"叽叽"的叫声，叫得鸟王心里痒痒的，很想看看喂仔的过程。他还记得童年时二叔仔对他说过，不能去看母鸟喂仔，否则母鸟会弃仔不理。等到幼鸟出生第四天，他决定冒险一试，他认为家鸟和野鸟毕竟习性不同，家鸟对主人无戒备，就算万一母鸟弃仔不理，也可以人工把幼鸟喂养大。那天想好以后，在黄昏时他端着盛有鸡蛋和黄粉虫的小碟子，故意站在巢箱旁，看亲鸟是否戒备。果然，如他所料，小聪并未戒备，一口气叼衔着三条虫子就飞进巢箱，动作十分利落，在它带头下公鸟也跟着叼虫喂仔了，根本就不介意主人在看。于是鸟王就得寸进尺，干脆拉开箱盖，细心地观看亲鸟喂仔的全过程。

亲鸟进窝的动作很轻，生怕踩着幼鸟。哪怕轻触到巢草，幼鸟也会立刻作出反应，伸长脖子，张大小嘴叽叽叫，等着亲鸟喂食。亲鸟把叼着虫子的嘴往幼鸟的嘴里塞，直到幼鸟把嘴合上才退出。如果亲鸟叼着三条虫子，它可控制一条虫子喂一只幼鸟。偶尔有生猛的虫子，又遇到幼鸟合嘴慢，虫子从幼鸟的嘴爬出来，亲鸟就会把虫啄死再喂。幼鸟吃到半饱时，张嘴就不那么积极了，此时亲鸟就用嘴挑拨开幼鸟的嘴再喂，如果幼鸟经挑拨也不张嘴，就是吃饱了。

五只幼鸟中，其中有一只特别瘦小，为什么会有这种差别呢？可能是第五只蛋孵出的那只鸟，由于先天不足的因素影响了后天的发育。鸟王经过多次观察喂雏发现，身壮的幼鸟，总是脖子伸得最长，嘴巴张得最大，叫声也最响，亲鸟就首先喂它。往往身壮的吃了两口，体弱的才吃一口，甚至白张嘴数次也轮不到喂它，张嘴累了它就睡了，未吃饱亲鸟也不知道。这样下去，弱幼鸟迟早会饿死，即使不饿死也会变得很虚弱。

为了挽救这只弱幼鸟，鸟王就每天给它开小灶，把它喂得饱饱的。通过观察，还发现育雏过程中公鸟和母鸟的差别，母鸟在喂饱了幼鸟后自己才吃，而公鸟遇到食物自己先吃几口，然后再叼衔食物去喂幼鸟，有时自己吃饱才去喂。可见鸟类的母爱胜于父爱，不过有时公鸟不喂雏时也站在附近当"保安"，也算尽责。

弱幼鸟经过一段时间的额外喂养,发育终于跟上了。看到这窝小鸟在自己的呵护下迅速长大,眼睛睁开了,体毛长多了,翅膀长长了,叫声越来越响亮,让鸟王很有成就感。剩下要做的就是耐心地等待幼鸟出窝,以便进一步研究它们的"人性"和"鸟性"。

好不容易等到幼鸟出窝了,不过第一天亲鸟先带一只老大出窝,只在房里活动,亲鸟嘴叼着虫子逗幼鸟跟着它飞跳,然后喂它。第二天全部出窝,在房里跳来跳去,亲鸟偶尔也把它们带到窗台,让幼鸟看看外面的世界,其中有一只还是留恋鸟窝,天未黑就提前归巢。经过一天的折腾,在窗台上、桌子上、鸟箱顶部等处,留下了一坨坨的鸟屎,令人哭笑不得。第三天一早,不但全部出窝,而且亲鸟带它们由窗台飞向附近的树上。这五只小鸟求喂特别活跃,尽量飞近亲鸟,扇动翅膀张嘴待喂,吃饱了就互相挨在一起。母鸟忙于找食物,公鸟常在幼鸟的附近,生怕它们飞走迷路,又要防止别的鸟来侵犯。

鸟王孙子与八哥

在自然界,幼鸟长大一旦出窝,就很少再归巢了。鸟王还是希望晚上小聪带幼鸟回到房里,这样才安全。若是直到天黑了仍不见鸟儿归巢,鸟王就会有点担心,担心晚上有暴风雨,也担心有蛇鼠袭击。

想不到两三天后,担心的事情发生了。晚上刮风下大雨,次日一早鸟王赶紧去观察树上的小八哥,发现数来数去都只有四只,少了一只,地上又没有发现鸟尸。去了哪里呢？如果还在附近的树上，听到亲鸟的呼唤肯定会飞来要食，所以估计是晚上受到风雨的袭击，幼鸟抓不紧树枝掉到地上，被蛇鼠拉去吃掉了。

为了呵护剩下的四只幼鸟，鸟王就把它们捉起来，用鸟笼困住挂在树头上，亲鸟也会隔着笼来喂幼鸟，有时人也喂，晚上再把鸟笼移放到房里，这样就十分安全了。但鸟王再三考虑，觉得这样做就失去了研究价值。应该把它们放出去，接受大自然的洗礼，并全部由亲鸟喂养，以便观察自由鸟的第二代的行为，尤其是它们对人的认知。

鸟王把幼鸟重新放出笼后，在脚上套上环志，每天一有空就去观察亲鸟是如何调教幼鸟的。亲鸟嘴里衔着食物，并不主动去喂幼鸟，而是让幼鸟飞到跟前才喂，从这根树枝跳到那根树枝，进而从这株树飞到那株树才给喂。随着幼鸟长大，幼鸟从张开嘴等喂渐渐到能自行啄食了，亲鸟就让幼鸟直接啄食亲鸟嘴里衔着的食物。

待幼鸟羽毛丰满，可以远走高飞时，亲鸟就带幼鸟飞到放置鸟食处，领幼鸟一起啄食。令鸟王高兴的是，当他吃早餐时，小聪会带上几只幼鸟飞到桌上觅食，鸟王就立即拿来饼干、黄粉虫给幼鸟吃。由于由亲鸟带着，幼鸟也不怕人，但鸟王无论怎样引逗，幼鸟也不敢跳到手上，不过不怕人已是很好了。

到了晚上，亲鸟带幼鸟栖伏在茂密的树枝上，而且幼鸟站的那树枝是靠末端的。选择这样的栖息地，可避免天敌的侵害，万一蛇鼠爬来，树枝就会摇晃惊动小鸟，让其能及时飞走逃命。所以，有经验的鸟雀是不会在树干或粗枝上栖息过夜的。

春去夏至，接着秋来。随着岁月的流逝，幼鸟长大了，离开了亲鸟，也能同其他种类的自由鸟合群参与人鸟互动的活动。虽然它们不怕人，但对人的亲近程度比不上从幼鸟人工养大而且受过培训的自由鸟。它们的母亲小聪，人性淡薄了，不再进鸟王的房子过夜，有时跟群活动，有时与它的伴侣成对活动，但对人尤其对鸟王还是十分亲昵的。

看到八哥小聪回归同类，在繁衍后代之后虽然对主人不像以前那样依恋，但还能保持对人亲近，并且带动后代对人亲近，这令鸟王有一种成功的喜悦。

第八章 斗鸟与斗鸡

在自然界中，鸟雀之间、鸡之间的打斗是常有的，这是一种自然习性。如果是同类雄性之间的打斗，多为了争雌，这也是维护自然界生态平衡的一种自然现象。百鸟园有条件提供一个平台，让游客更好地欣赏它们打斗时勇敢、坚韧不拔、勇往直前的斗志。

斗鸟与斗鸡是百鸟园的表演项目，其中斗鸟与鹦鹉技艺表演和鸟类生态表演不同的是，游客可自带打斗的鸟或鸡来参与，这种表演有很大的随意性，不受时间和场地的限制，在向游客展示表演的同时，也意在"以鸟会友"。

一、斗　　鸟

斗鹊鸲

鹊鸲俗名"知时喳"，属翁科中鸫亚科，全身长约205毫米，头额和背羽为金属蓝黑色，尾羽有黑有白，有白斑，犹如缩小了的喜鹊，故名鹊鸲。雄鸟胸蓝黑色，雌鸟胸暗灰色。以动物性食物为主，如昆虫、蝇的幼虫、螃蟹、蜈蚣等，是益鸟。分布于长江流域附近及其以南地区，在广东也有分布。鹊鸲属留鸟（一生都在某个特定区域生活，没有迁徙的鸟类）。

鹊鸲的雄鸟会鸣唱，声音婉转悦耳且雄亮，每天早上都唱歌报时，所以人们叫它作"知时喳",又叫"知更鸟"。它的歌唱还有一个作用,就是宣示领域主权。这种鸟不合群,常是雌雄成对活动,在它们的领域范围内,只要听到有另外一只同类的雄鸟在鸣唱,坐镇的雄鸟就斗唱发出警告,先礼后兵。如果入侵者不走,双方越唱越靠近,最后就打斗起来,胜者留下,败者离开。玩鸟的人就是喜欢鹊鸰会唱又会斗,所以笼养它的人很多。

鹊鸰的繁殖多筑暗巢,营于树洞中,也有少数筑明巢。据养鹊鸰有经验的人说,筑明巢的鹊鸰好唱善打斗,尤其是筑巢于树顶的更能打斗。这是有道理的,因为它能打斗,就不必隐蔽巢了。因此,掏到明巢幼鸟,价钱特贵,明巢的幼鸟的脚比暗巢幼鸟的白,以此区分。要得到一只好唱善斗的鹊鸰,除了先天的条件外,后天的饲养也是很讲究的。

鹊鸰的警觉性很强,筑巢时一旦发现有人跟踪,即使它叼着草或青苔(喜欢青苔做巢),也不会直接飞回筑巢地点,而是把跟踪者引到离巢远的地方,在你不注意时就飞回筑巢。在它筑巢、抱窝、喂雏期间,如果它看到被你发现,它就弃巢而去。

驯养鹊鸰必须从幼鸟开始,由幼鸟养大的鹊鸰才会唱、会打斗,若是野生的成鸟,无论你笼养多久,也不会唱不会斗,因此会玩鹊鸰的人是不养野生成鸟的。

若要斗鸟,只要把两个笼的雄性鸟靠近,双方就会表现出要打斗的冲动,一边唱一边扑向靠近对方的笼边。养鹊鸰的竹笼的门可向上拉,在门的外层还插有两三条较大的长竹签,以加固笼门。打斗时一般先是隔着笼斗,即双方把笼门向上拉开,仅保留几条长竹签(叫作"打签")。只见两只鸟不再鸣唱,直扑笼口,用嘴啄、用爪抓,一时难分难解,更难分出胜负。看者觉得不够尽兴,斗者隔着几条竹签似乎英雄无用武之地,有的鸟就打打停停。

在百鸟园养着几只能打斗的鹊鸰,不时会有游客带着鸟来"挑战",百鸟园本着以鸟会友的宗旨,肯定应战。大多数为切磋斗艺,就点到为止,只限于打签。偶尔还会有进一步的打法——"滚打",就是把两个笼的竹签也拉开,把笼内的栖木移走,两只笼门口紧靠,两笼互通。这样,两只斗鸟可在两只笼里跳来跳去,滚来滚去地打斗。

在打斗中,如果有一只鸟无心恋战,落荒而逃,就是负方。有时被对方抓住,动弹不得,被对方啄得惨叫,也属于输了,这时必须立刻休战,否则后果不堪设想。即使一决胜负后就立即休战，负方也往往会被啄、被抓到伤残，要休养很长时间才能再战，有的甚至"武功"被废。

鹊鸲打斗有一个特点，就是节奏慢。用爪多于用嘴，经常互相抓住对方，双方停止进攻，待到用爪累了再用嘴啄，没啄几下又互相抓住喘气。有时候鸟主与观众都看得不耐烦，足足超过20分钟仍是如此，鸟主只好"鸣金收兵"，小心翼翼地把两只鸟拆开。

斗画眉

画眉属翁科中的画眉亚科。在我国除东北、新疆、西藏外，在大部分省市均有分布，体长20厘米左右，额棕色，头顶、后颈乃至上背棕褐色，并具有黑褐色纵纹，眼圈白色并向后延伸至颈侧呈眉状，故有画眉之称。其外形美丽而小巧可爱，是留鸟，常常单独活动，有时结小群活动。画眉食性较杂，主要吃蝗虫、椿象、松毛虫、金龟甲虫、蚂蚁、飞蛾幼虫等，也吃植物种子和野果，是人类社会的益鸟。主要栖息于丘陵地带的矮树丛、灌木丛中或竹林间。生性机警而且好斗，是我国传统的笼养鸟，在国外也很有名望。在1985年，被选定为广州市市鸟。

画眉鸟雌雄同色，从外形上看，不管是幼鸟还是成鸟，都是很难区别的。区别雌雄最为准确的方法就是听其鸣叫，雄鸟鸣叫婉转动听，音韵多变，雌鸟叫声单调，只有一个音阶。但有经验的养鸟爱好者，仅从外表就能识别雌鸟和雄鸟。自然界的画眉，当雌雄择偶配对以后，便以"小家庭"为单位，筑巢定居，生蛋抱窝育雏。

某天，几个玩画眉的发烧友提着两笼画眉走进百鸟园，要跟鸟王斗画眉，通过斗鸟来交流养鸟驯鸟的经验。自然界中画眉相斗与鹊鸲相斗的目的是不

画眉（张九能摄）

同的，鹊鸲是为争地盘而斗，而画眉则是为了争雌鸟而斗。所以斗画眉的前提是两只雄鸟都必须处在发情期（俗语叫"有火"），而且相斗时各自的雌鸟都在一旁扇火助威，这样才斗得勇猛。所以鸟友带来一雌一雄的两只鸟，其中雌鸟是用来为它的雄鸟助威的。在自然界中，胜者得到交配权。体格健壮的雄鸟才能获胜，从而达到优化选种的目的。

为了应战，鸟王早已挑选好两只"有火"的雄鸟，何以见得"有火"呢？这两只雄鸟眼睛炯炯有神，喜欢在清晨和傍晚鸣叫，听到雌鸟鸣叫声就特别兴奋，高歌回应，听到别的雄鸟鸣叫则斗唱，并有打斗的冲动。

有一只雄鸟是老毛鸟，在山野间生活了一年以上，来到百鸟园又经过了一两年时间的驯化，已习惯了人多、鸟雀多的环境，并进行过多次的斗鸟表演，应战取胜的概率较大。另一只雄鸟是齐毛鸟，由幼鸟养大，不过鸟龄仅一年，换过一次羽毛。这只鸟是从一批幼鸟中优选出来的，因它是在鸟园成长的，绝对不怕人，不怕嘈杂的环境，不怕别的比它大的鸟雀，但未经过野外大自然的洗礼，也未曾与别的鸟大打出手过。此次应战，旨在培训打斗经验，限于打签而已。

一方有备而来，一方摆定擂台，主宾握手为礼。

鸟友："我们都看过鸟园斗鸟、斗鸡表演，这次是慕名而来，意在切磋驯养斗鸟经验。"

鸟王："你们经常玩斗鸟活动吗？在哪些地方斗？"

鸟友："我们一伙都是业余玩斗鸟的，有时在公园斗，有时在花鸟市场斗。"

鸟王："采用怎样的形式斗？"

鸟友："多采用滚打。"

当百鸟园的两只雄鸟一亮相，鸟友们就对两只鸟七嘴八舌地评论起来，先指着那只由幼鸟养大的家鸟说道：

"这只鸟是齐毛鸟（有经验，一眼就看出），鸟龄在一年左右。"

"它体型大，胸宽，颈长。你听，它发声洪亮，鸣叫时挺胸。"

"不抓笼壁、不趴笼底，它不怕人呀！"（鸟友把手指伸入鸟笼，鸟也不避。）

"它的头像方头，金沙眼，眼沙也粗，白牛筋脚，是一只上品鸟。"

"不过嫩了一点，要是滚打，仍未够火候。"

鸟友正在评论那只家鸟的时候，老毛野鸟可能看到了鸟友们带来的"挑战

者",立刻高亢鸣唱,歌声悠扬多变,且能持久,鸟友们自然而然将目光转向野鸟:

"这是一只驯化好的老毛野鸟!你们看,眼明亮有神,眼沙清晰,瞳孔小,收缩灵敏,胡须粗且向上翘。"

"蛇形头,够凶;眉宽,色白,两眉对称,好!"

"一对黄色牛筋脚,腿和爪都有力。"

"嘴尖锐利,我们的鸟不一定打得过它!"

这边,鸟友们在激烈评论;那边,鸟王也在细心地审视对方的鸟。只见那雄鸟十分警觉,频频照应着它的雌鸟,生怕被它的对手掠走。它挺胸站立在栖木的中央,十分淡定。削竹头,铁钉嘴,凸起一双天蓝色的宝石眼。不仰顶,不捋杠,不钻杠,看不出有什么缺点。也有一双牛筋腿,粗壮,爪盘大,前趾大,后趾粗壮,垫大,末端的圆球发达,估计它的爪攻击力特强。两雄相遇,定有一番恶斗!

主宾双方商定,家鸟先出战,只限打签。双方并笼前,各自的雄鸟与它的雌鸟先打个照面。当两笼的笼口紧靠,两鸟立即上阵,先用嘴啄,你一啄,我一啄,像两个拳击手对打,不同的是拳手对打多是躲闪避开,而两只鸟对啄是不避开的,就看谁啄得有力,谁更能挨啄。互啄了一会儿,家鸟的嘴被对方用爪扣罩住(果然不出鸟王所料,它的爪厉害),这样,家鸟就白挨啄了。只见家鸟也想用爪抓对方的嘴,但没抓住,幸好它会改变策略,用爪把对方的爪拉开,终于摆脱了困境。家鸟跳上架喝了一口水,又去应战,嘴对嘴,爪对爪,不敢轻易靠得太近。从混战中可看出,家鸟嘴啄的频率比对手稍低,它啄对方四下,自己却已挨了五下;爪的力度稍差,如果采用滚打,肯定败北。对手是野鸟,经过风雨,见过世面,家鸟尽管技不如人,却勇气可嘉。两笼分开后,家鸟仍想斗,以唱歌表示不服输。

鸟王对鸟友说:"休息一会,再打第二场吧!"

鸟友们看到刚才打签不怎么激烈,正好是热身,撩起了鸟的火,便说道:"不用休息,马上开始。"

鸟王把老毛野鸟及它的"爱妻"拿近挑战鸟。先是打签,"噼噼啪啪",嘴来嘴往,爪来爪去,谁也占不了便宜。双方都做好了恶斗的准备,于是把竹签拿去。两鸟立即滚打在一堆，由这个笼打到另一个笼，两只雌鸟"叽叽"叫着助威。

雄鸟在打斗中不轻易叫，也没空闲叫，只有扛不住时才叫，此时表示其认输求饶。

对方的爪就是厉害，在滚打中，老毛野鸟的嘴被它的爪封住，不能起啄，在未抓住对方嘴时，只能用爪顶住，不让它啄。好一会后，老毛野鸟终于找到机会把对方的嘴封住了，此时双方只能腾出一只爪来格斗，像是约定好似的，双方都用那只空出来的爪去扯开对方封嘴的爪。突然，双方都松开了，但谁也不想停下喘息，继续啄、抓，为了维护"爱妻"勇往直前。这回两对爪互相抓住，暂时松不开，于是双方都用嘴啄对方，但互啄的部分不同，老毛野鸟所处的位置偏高了一点，对方啄到它的胸部，而它却啄到对方的头顶。虽然是啄在鸟的身上，却疼在两位鸟主人的心里。如果这样打斗下去，只要再斗一两分钟，势必两败俱伤（即使决出胜负也会俱伤）。于是，在鸟友的建议下，休战。

最后双方在愉快友好的气氛下交谈，都夸赞对方的鸟善斗，鸟友看出那只家鸟是好苗子，但缺乏打斗经验，建议多与弱鸟滚打，与强鸟打签。

鸟王认为，在百鸟园每天人来人往，而且有多种鸟雀鸣叫，所以这里驯养出的斗鸟都习惯嘈杂的环境，打斗时绝不会怯场。关于食谱方面，鸟友的经验是以画眉斗鸟的饲料（市场有卖）为主食，间中喂蚱蜢、甲虫，整条喂，让鸟自行抓着啄食，以锻炼嘴和爪。此外，选好一只活泼健康的雌鸟做伴，也有助于增长雄鸟的斗志。

二、斗　鸡

鸡是十二生肖中唯一的家禽。人们对鸡赋予各种美好的想象，认为它是具有文、武、勇、仁、信的"五德之禽"。所谓"五德"——头戴冠，文也；足搏距者，武也；敌在前敢斗者，勇也；见食相呼者，仁也；守夜报时准者，信也。人们还认为它生机勃勃，是能带来幸运的吉祥物，因为"鸡"与"吉"谐音。在古代的器物，常见到有鸡的纹饰。在下面关于斗鸡的描述中，读者也可领略鸡"五德"之一二。

斗鸡在我国有悠久的历史,上至宫廷皇室,下至黎民百姓都喜欢观看斗鸡比赛。1998年电视剧《还珠格格》中亦出现过斗鸡比赛的场面。斗鸡作为一项传统民间娱乐活动,很受群众欢迎。

不但在中国,在越南、泰国亦盛行斗鸡活动,因而也有从外国引进的斗鸡。斗鸡是鸡的一个品种,

斗鸡

这种鸡生来就好斗,母鸡和小鸡也好斗,公鸡更是专业的打斗手。也就是说,斗是它们的本能行为,无师自通。因此,从广义来说,斗鸡表演也是百鸟园鸟类生态表演的一个项目。

为了搞好斗鸡表演,百鸟园引进多种有特色的种鸡,通过繁殖驯养选出能打善斗的来表演。在斗鸡表演场中,会展示三只有代表性的斗鸡,并冠上花名:羽毛全白的中国斗鸡——白马王子;羽毛红色的越南斗鸡——红太子;羽毛黑色的泰国斗鸡——黑驸马。

这三只斗鸡除了按规定表演时间表演外,如果有游客要点名加场表演,只要按规定交服务费,随叫随表演,满足游客的要求。有时亦有游客带斗鸡来挑战,也由他们在展示的三只斗鸡中点名来应战,一场不够,可以加场。这种服务方式很受游客欢迎。

由游客点名选鸟园的斗鸡打斗,有胜有负。如果由鸟园特选出与之打斗,鸟园几乎未输过,顶多打个平手,故每次游客斗完鸡,都喜欢向鸟园买斗鸡。游客来买斗鸡,百鸟园都希望他们买到好的鸡,以便打出一个好品牌。所以都会给买鸡者做参谋,教他们挑选嘴粗大,冠短,胸骨宽,脖子粗而长,腿骨硬,腿长爪利的中、小鸡买。当然,也会告诉他们,后天的驯养也是很重要的。

百鸟园的斗鸡表演是按下列的顺序进行的:

首先是小鸡斗(只有两三个月鸡龄的斗鸡)。两只羽毛未丰满的小鸡用嘴互啄,由于腿不够力,很少用腿,章法不多,就是死缠烂打,意在让游客看到斗鸡的好斗本能——小鸡也好斗。

接着是两只成年雄鸡斗。九斤重的黑驸马对十斤重的白马王子,两雄相遇,

必有一斗。只见两只鸡自行把重心放低，调整好位置，攻击前怒目而视，颈羽松起呈圆盾形，像两个斗士举着的两个盾牌。接着两者均稍向后移动一下步法，几乎是同时起跳，双腿用力向前蹬出（踢力到底有多大？鸟王曾受过攻击，牛仔裤都被打穿了），双脚正对双脚，"啪"一声一起反弹，两鸡都做了一个后腾空翻。第二个回合，两鸡又是双飞相对，双脚相撞有声。由于起跳稍低，完成不了翻滚，双方皆倒退几步，落地后再准备攻击。第三个回合，黑鸡第三次起双飞腿，岂料白鸡没有起跳，轻轻一闪，避过了黑鸡的攻击。然后白鸡急转身，趁黑鸡未站稳，从它的背后扑上一嘴啄住黑鸡的冠，用力把它的头压下，接着起双飞腿踢它的头，一下，两下，观众们都以为黑鸡必败，却不想黑鸡把头一沉，并用力一摆，摆脱了白鸡的嘴。白鸡的头部由于惯性作用而向下，黑鸡立刻"以牙还牙"啄住白鸡的冠，向下压的同时回敬一个双飞腿，"啪"一声打个正着，正想打第二下时，慢了半拍，白鸡已抬起头颈，打偏了。观众一阵起哄："加油！加油！"

就这样，两只斗鸡在观众的欢叫声中越斗越勇。你啄住我打一下，我反击也啄住你打一下，记不得打了多少个回合了，只见两只鸡的嘴都粘着带血的毛在喘气，双方的体力消耗大半，虽然再没力气起双飞腿，但仍用嘴不停地互啄。若再斗下去，只会两败俱伤，于是休战。

最后是人与鸡斗。鸟王亲自"披甲"上阵（戴上皮手套、小腿裤内裹帆布），上场的斗鸡是最凶、最能打斗的。鸟王稳站马步"摆装"，任由斗鸡攻击，上三路来就用手拨，下三路来则用脚挑。这与西班牙斗牛差得远呢！人与鸡的战斗力太悬殊了，这个表演的目的是要表现斗鸡的斗性和斗鸡的勇，一旦其斗性起，便天不怕，地不怕，敢与人斗。

不过有时也因为斗鸡的斗性太强，差点闯祸。有一回游客带斗鸡来挑战，为了应战，鸟园把一只大斗鸡先放置在鸟区等待。谁料这只斗鸡不安分，闯入了白鹇的领地。要知道，雄性白鹇也不是"善男信女"，于是一触即发，打斗起来了。白鹇哪里是体重比它大两三倍的斗鸡的对手，好在白鹇们有互助精神，三只白鹇联手斗敌，一场"三英战吕布"上演！当斗鸡追打其中一只白鹇时，其余两只就从侧面和后面攻击斗鸡，斗鸡被迫回头应战，此时被追的白鹇又回头反击。就这样，斗鸡三面受敌，左闪右避，一张嘴和两条搏击腿都不够应付三张嘴和六条腿。不用说，最后斗鸡成为"吕布"，落荒而逃。

能敢于与人搏击的斗鸡是经过专门训练的,见人就攻击。这几只斗鸡的待遇也较优越,经常放养于菜地里,任它吃菜并晒晒太阳。菜地围着约一米高的竹篱笆,挂上警示牌:"菜地范围,游客止步,斗鸡在此,生人勿近"。意在让游客目睹一下十多斤重的大斗鸡的雄姿,以增加他们看斗鸡表演时的兴奋度。没想到却引起看客的好奇,有两三个青年在细语议论:

"我只知道狗才会看门守卫,怎么鸡也能看场? 我不相信。"

"我也怀疑,不如你试一试?进去!看它会不会啄你。"

说毕,一游客把一只脚穿过竹篱笆的间隙伸进去挑逗斗鸡,斗鸡受到刺激立即冲过来,用嘴啄游客的鞋,啄一下,反弹一下。斗鸡见攻不进,就跃起啄游客的小腿,叼住裤子不放。被啄的游客赶快缩腿,随即卷起裤查看,已有一处明显的红斑。

"我偏要领教一下你的厉害。"不服气的游客说着就跨过篱笆进入菜地。勇猛的斗鸡啄得起兴,没等他站稳就高跳起来,一记双飞腿打向游客的大腿,"啪"一声打中了,裤子被打穿了一个小洞。幸好游客走得快,第二次攻击打空了,打在竹篱笆上,竟打断了一根小竹。

这一出意外的插曲,令围观的游客大开眼界。一阵哄笑声又引来两三个好事的挑战者,他们跃跃欲试。幸好工作人员及时到来,劝阻了游客的冒险,如果让他们与斗鸡玩下云,势必人伤鸡亡。

看着退下去的游客,那只大斗鸡昂首高叫:"喔喔喔……"似乎在向观众宣告:我赢了!

斗鸡打斗时,以嘴和腿为武器,其中杀伤力最大的是腿上的距(雄鸡爪子后面突出像脚趾的部分,母鸡是没有的)。前面曾提及,有一次鸟园的一只斗鸡在打斗中嗉囊被距打中,当场肿胀,两天不能吃喝,危在旦夕,后来鸟王亲自为它动手术,才转危为安。如果被距击中眼,斗鸡的武力就废了。为了削弱斗鸡打斗中距的杀伤力,双方鸡主协商后都用胶皮套把鸡距套上,这样也不影响观赏性。

怎样来定胜负呢? 画眉打斗,三五分钟可定胜负。两只势均力敌的斗鸡相斗,一般至少要一个小时,一直打斗到其中一只鸡不但无还手之力,而且连招架之功都没有,此时被挨打一方斗鸡的主人就认输。就像搏击、拳击那样,直到一方的拳手挨打不能反盘,他的教练就抛出白手帕认输。

经过一番打斗之后，两只斗鸡都显得筋疲力尽，不要说气势汹汹了，甚至连抬头都十分吃力。这时双方主人都马上对鸡进行细心的护理——清洗血迹，喂水吸痰，用跌打药酒涂擦全身，使它消炎和恢复体力。斗鸡的生命力比画眉强得多，即使是战败者，短时间内体力和斗志也能很快得到恢复。而战败的画眉，调理很长时间也很难恢复，尤其是斗志力。

第九章 驯 鹰

鹰，在自然界是猛禽，是空中的霸主。因此它具有与众鸟不同的习性，常居高临下，傲视一切，甚至不把人放在眼里。

鹰属于猛禽，种类繁多。人们通常把鹰科的鹰、雕、隼统称为鹰。鹰霸气逼人，是勇猛的象征，怎样才能把这种猛禽驯服呢？首先从两个真实的故事说起（报纸曾报道过）。

故事一：老鹰复仇。

老鹰又称"鸢"，属鹰科。羽毛暗褐色，尾叉形，喜欢在高空中盘旋。当它发现地面上的猎物时，就会突然俯冲而下，迅速将猎物抓走。农田里的田鼠、野兔都是它捕猎的主要对象，它也喜欢吃动物的尸体，所以老鹰不仅是个出色的"田园卫士"，并且还是一个得力的"清道夫"。但在冬天野外缺乏猎物时，它偶尔也会到村落抓鸡吃。

故事发生在一个山村里，有一位山民上山打柴，看到一只老鹰叼着一只老鼠栖在一株高大的树上。他出于好奇跟踪着，只见老鹰钻进一个树洞里，一会儿从树洞飞出，嘴里的老鼠已不见了。他可以肯定，树洞里有一窝小鹰。趁老鹰不在，他迅速爬上树，从树洞里掏走了两只幼鹰。

次日，山民照常上山打柴，经过旧地时，他得意地留步观察树洞的周围，突然冷不防地从树洞里钻出一只老鹰，一声怒吼直冲向山民，山民掉头就跑，没想到还未避开这只老鹰，前面又扑来第二只，正是"前无去路，后有追兵"。

其实他前天跟踪老鹰的时候，老鹰就已注意到他并认得他了，因为鹰眼睛的分辨本领远高于人。只不过没现场看到他掏窝，否则老鹰绝不会放过仇敌。

山民受到两只老鹰两头夹击，轮番俯冲进攻，最后带着满头创伤，丢掉一只眼睛，慌忙地逃回家中。

对于这一个故事，后人应引以为戒。

故事二：猫头鹰感恩。

猫头鹰在西方国家被认为是智慧、勇猛和刚毅的化身。它善于伪装，白天会利用它褐色有斑纹的羽毛作巧妙的掩护，栖息在树干或旧的建筑物上，等到夜晚才开始活动。它的视力和听力都非常敏锐，甚至可以单靠听觉就判断出猎物在哪里。它的翅膀羽毛十分柔软，飞行时寂静无声，所以能在猎物还没有任何警戒时就俯冲而下捕获猎物饱餐一顿。

猫头鹰是捕鼠能手，一只猫头鹰在一个夏天可以吃掉或杀死约1000只老鼠，相当于保护了一吨粮食，它也吃害虫。因此，在保护农作物和保持自然生态平衡方面，猫头鹰都有很大的贡献。

故事发生在一个林场，有一天，林场的场长在回家的路上发现一只大鸟在树底下吃力地走动，就是飞不起来，场长把它捡起来，发现是一只受伤的猫头鹰，为何受伤不得而知。当下正是天寒地冻之时，如果不做收留救治，这只猫头鹰势必冻死或饿死或被天敌吃掉。场长深知猫头鹰是一种珍贵的益鸟，必须保护它，于是立即把受伤的猫头鹰揣在怀里，用体温暖着它，并加快脚步跑回家里。场长先用鲜肉喂它，等它吃饱后再用电灯泡一边加温一边替它上药并包扎伤口。猫头鹰也懂事，圆溜溜的眼睛望着救它的恩人，配合着上药和包扎。

经过了大约半个月的时间，猫头鹰养得胖胖的，伤痊愈了，也确认它可以飞翔了，场长就在家门口把它放飞，因为家就靠近林场，附近很多树木便于野放。想不到在黄昏时，猫头鹰又飞回家，场长全家人都很欢迎它，场长的女儿连忙拿鲜肉喂它，但它不吃。场长回家看到更是喜出望外，高兴地抚摸它，替它抓痒。他发现猫头鹰吃得饱饱的，难怪不吃女儿喂的肉。这意味着猫头鹰恢复了野外谋生的本领，飞回来并非要吃的，仅表达对恩人的思念。

留它一宿后，次日场长又把它野放，还耐心地跟了几程。没想到过了几天，猫头鹰又回来了，而且还带上了另一只猫头鹰。两只猫头鹰几乎一模一样，不过细心的场长还是能够分清，曾受伤的那只猫头鹰翅膀还留有紫药水的颜色。这次给肉也还是不吃，唯有场长从它的眼神里看出了它要表达的谢意，似在说：

"我带老伴来做客了,我的恩人!"

只见这一对猫头鹰高高兴兴地跳来跳去,在靠近阳台的阁层上乱翻一通,似乎是想捉一两只老鼠帮恩人除害。过了好一阵子它们才飞走,但并不是一下子飞走,而是从阳台飞上屋顶,再从屋顶飞到屋前的树上……它们的行动中表现出依依不舍之情。

冬去春来,万物在生长。正值林场内外一片生机的时节,两只猫头鹰又奇迹地飞回来了,这次并没有很快飞走,而是飞出飞入。哦,原来要在阁层上筑巢做窝,太美妙了!

场长特地告诉家人,千万别干扰猫头鹰,不能去看,不要告诉邻居,省得顽童好奇来干扰。在场长一家的精心呵护下,猫头鹰顺利地完成筑巢、生蛋、孵蛋的过程,并孵出了三只毛茸茸的小猫头鹰。场长的家人好奇去偷看,母鸟就紧紧地伏在幼鸟身上不让看,但场长去看时母鸟就跳到窝边,小声地哼叫着,好像在说:"看吧,这是我的小孩,多可爱!"

因为要育雏,有一只猫头鹰就做外勤(可能是雄鸟),叼些昆虫小鼠之类的食物来喂母鸟和幼鸟。场长怕小鹰吃不饱,每天切些鲜肉片放在旁边,猫头鹰也受用。

大约又过了一个月,小猫头鹰羽毛丰满了,老大能够飞跳离窝,在窝旁玩耍。待到最小的那只猫头鹰能飞后,一家大小离窝飞出,在屋旁的树上逗留了一会儿,就告别了恩人,告别了房子的窝,飞向林场。

场长目送猫头鹰一家飞去,他仰望着辽阔的天空,目光移去远处的森林,思绪万千。好像看着自己的儿子长大成人,又要漂洋过海远走高飞。心里是失落呢,还是充实呢?无法用文字表达,欲语又竟无词。

猫头鹰有记忆,它记得场长是恩人,记得在场长家里做窝、孵蛋、养儿育女很安全,不怕风吹雨打,没有天敌伤害。所以下一年的春天,那两只猫头鹰又到场长家里做窝、生蛋,在场长及其家人的照料下,又顺利地孵出并养大幼猫头鹰,又一次带着长大的小猫头鹰飞向林场的大森林里。

到第三年的春天,场长正好有公事出差。家人想到猫头鹰又要来做窝了,就赶紧把做窝处的阁层进行了大清洁,把杂物移走,打扫干净,还喷了消毒水等。

果然不出所料,两只猫头鹰又来了,它们在阁层里跳上跳下,不时发出

"哼哼"的叫声,但好像没有做窝的打算,在屋顶和屋前的树上待了半天就飞走了。

次日早上,两只猫头鹰又飞来了,先到阁层上看了一下,然后又像昨天那样,在屋顶和树上飞来飞去,好像在找他的恩人场长:"我的恩人呀,你在哪里?为什么抄了我的家?不欢迎我吗?"两只猫头鹰带着伤感和失望,终于飞走了。

就在猫头鹰飞走的第二天,场长出差回来了,家人告诉他关于猫头鹰的事,他估计猫头鹰不会再回来了,感到很伤心,像失去了一个亲密的朋友,也很内疚,没有预先给家人交代清楚野生动物的特性。它们就喜欢自然状态的"杂乱",不喜"整齐",也不喜欢化学品的异味。无奈家人是属于好心办坏事。

第二个故事暂且讲到这里。上述的两个故事,让我们领会到老鹰和猫头鹰是有灵性的,是有感情的,恩仇分明,有仇报仇,有恩报恩。这两个真实的故事,对鸟王有很大的启发。从老鹰和猫头鹰的认知能力和记忆力可看出,这两种鸟在鸟类中的智商是比较高的。他十分羡慕场长和鸟交朋友的机遇,也想得到一只老鹰或猫头鹰,放在百鸟园中驯养,还可从心理学的角度来研究它的心理活动和行为。于是他有空就到市郊的树林里散心,听听鸟雀的鸣叫,感受一下大自然的气息,碰碰运气。他心里也明白,要想有场长那样的机遇是不可能的,但可以设法找只鹰来驯养。

经过多次的寻觅,他终于买到了一只成鸟老鹰*。为了养好这只鹰,他翻阅了有关的书籍,也向几位驯鹰的高手请教。

他每天喂给这只鹰新鲜的牛肉吃,并注意观察它的动态,发现它老是抓痒,精神欠佳,身体也很瘦。啊!原来鹰有寄生虫,是虱!细心观察还真发现有很小的虫在鹰的身上爬,尤其是在腋下,有好几个在移动。看着鹰食欲一天比一天下降,羽毛松乱并开始脱落,鸟王决定先治好它身上的虱子,再作下一步的打算。每天用除虫菊杀虫剂喷洒,经过一段时间的治疗,老鹰身上的虱子虽消灭了,但老鹰还是很瘦。怎么办?他想起了有驯鹰经验的一位北方青年小王,就向小王请教。

---

* 现《野生动物保护法》明确规定,所有猛禽都属于国家二级以上保护动物,严禁捕捉、贩卖、购买、饲养及伤害。

小王经过细致的观察后，认为这只鹰可能在被抓捕和贩卖运输过程中受到虐待折磨，体外又生虱，体质变差，这种情况的鹰不能驯。并当场指给鸟王看：鹰精神忧郁，眼光无神，用手按它的头，张开它的翅膀，它都无力反抗，只显得无奈。

鸟王经过一番考虑，决定把这只老鹰放归自然。耐心地再喂养了好几天，确认老鹰的身体状况有明显好转后，鸟王就选了天气晴朗的一天，把鹰喂饱，带它到郊外的树林放生了。

当困鹰的笼盖一打开，鹰就跳了出来，伸了一下懒腰，就扇动着翅膀升空，在空中盘旋了几个圈再飞向远方。目送老鹰消失在林海的上空，鸟王心里感到轻松，又有些失落，但愿它能重新振作，重归山林。

第二年的初夏，小王带来一只小鹰来见鸟王，他喜出望外，热情相迎："太好了，太好了，谢谢小王。"他迫不及待地打开盒子，看到那小鹰长着一身灰黑色的绒毛，翅膀上及背部有白色斑点及横纹，小眼睛微微张开，十分可爱。鸟王忍不住用手抚摸它，并问小王："这是什么品种？我从未见过。从哪里带来的？"

"这小家伙是我托人从老家那边带过来的，我知道你一定很喜欢。现在长的是胎毛，还看不出是什么品种，估计是属鹰、隼、雕之类。"

小鹰对鸟王来说，简直如获至宝。他专门为小鹰做了一个保温箱，箱里放置电灯和温度计。鸟王每天给小鹰喂食数餐，喂的是鲜牛肉，他一边喂一边想：如果小家伙是隼，攻击力比鹰强，但个子会比鹰小；如果是雕，捕猎本领胜于鹰，个子又大于鹰，够威猛。宝贝在手，反正不是钻石就是白金，不是白金就是黄金，无论是哪一种，都喜欢。看着小家伙一天天长大，鸟王总希望它是一只雕。

喂食小鹰时与喂食鹦鹉科、椋鸟科的鸟不同，那些鸟的幼鸟只会张嘴巴，必须把食物塞到嘴的末端咽喉处，它才能吞到肚子里，操作起来往往喂进嘴里一半，掉到地上一半。喂小鹰像喂小鹭鸟一样，只要把一块肉碰到嘴边，它立刻会把肉块咬住，用力吞咽，即使肉块大了一点，吞到歪脖子也要吞下，让人感到喂小鹰也是一种乐趣。

经过两周的喂养，小鹰大了两倍。但没想到问题出现了，它的吞咽力和胃口明显变差，身体开始消瘦了。鸟王翻阅有关资料，仍得不到满意的答案，于是请教曾在动物园当过业务领导，现在已退休当动物园顾问的老同学廖先生。

老廖亲自来到百鸟园，仔细观察一番后，认为小鹰是消化不良、营养不良，要给它清清肠胃，改变喂食的方法。小鹰不会控制自己的嘴，一定要待它消化了才喂，每次不能喂太饱。此外，食物不能单一，要有多样性。小鹰有点像雕科鸟，除了喂牛肉外，还可以喂鸡肉、兔肉、乳鼠（仍在吃奶的小白鼠）、蛇肉等。老廖还指出用多种鲜肉喂食，除了营养丰富外，将来小鹰长大就会把各种鲜肉的载体（野鸡、野兔、田鼠、蛇等）作为捕猎的对象，一举两得。

鸟王按老同学的吩咐去做，果然有效，小鹰胃口有好转，身体和羽毛都在长。随着小家伙长大，它的个性也慢慢地表现出来了。饿了会"嗞嗞"地叫，喜欢用温水洗澡，身痒想洗澡时也会叫。最可笑的是拉屎的动作——先把脚和身体向后移动，然后把屁股向着光线较强的一面翘起，像射箭那样把屎尿射出去，小鹰越大，射的距离就越远。看到它做这种动作时，就要赶快躲开，不然会"中招"。小鹰排泄的动作，是一种本能行为，生来就会。

小鹰饿了用声音呼唤主人，主人每次喂食用口哨声作为信号，给它洗澡时敲响盆边。很快条件反射就形成了，一听到主人的口哨声，小鹰就跳到主人的跟前等喂食，一听到敲盆声，不管盆里有没有水，都迫不及待跳到盆里。不久它自己也学会了洗澡，轻快地扇动两只翅膀，把水拂在身上每一个地方，然后用它的勾嘴梳洗全身，最后只剩下头部，看到它用爪梳洗有点吃力，鸟王就用小梳子帮它梳理、抓痒。只见它伸长脖子，侧歪着头，眼睛半闭，一动不动。鸟王心想：小家伙真会撒娇，真会享受啊！

经过几个月的喂养和调教，小鹰的羽毛换了一次并长得丰满起来，个子也长大了很多，十分威武。金眼，嘴尖黑色，后嘴甲黄色，几乎全身呈褐黑色，脚趾黄色，尾短体大，约有70厘米，比老鹰稍大。从它的颜色、体形、嘴、

乌雕

爪等特征可看出,这是一只乌雕,太棒了!这种鸟繁殖在我国的北方,越冬则在我国的南部。常栖于开阔平原、草地或近湖泊的开阔沼泽地区,主要以青蛙、蛇类、鼠类及鸟类为食。

知道了小雕的食谱以后,鸟王就尽量按它的食谱去找食物喂小雕。小雕越长越健壮,站在鹰架上不时快速地扇动一双大翅膀,像鼓风机那样呼呼作响,是要学飞翔了。鸟王就代替亲鸟教它飞,在室内设置三个点:桌子、鹰架、手臂。待小雕饥饿的时候,以食物引诱它在这三个点飞来飞去。此外,每天给它洗澡,并用梳子替它抓痒,投其所好。

由于小雕从小生活的环境不在野外,周围是人,没有接触同类,自然而然对人有熟悉感,把主人当成亲鸟,只要鸟王进入它在的房子,就飞到他的手臂上。每次进雕房鸟王都必须戴上皮手袖套,因为小雕的爪实在太厉害了,轻轻一站衣服甚至皮肤就会被抓破。

为了让小雕去见见世面,鸟王有时架着它走出百鸟园去玩,手臂举累了就让它站在鹰架上。所经过之路上,人们的回头率绝对胜于所谓万人迷的美女,人们回头的同时,还投以好奇和羡慕的目光,一种得意的喜悦总浮现在鸟王的脸上。只要一有空,他就带小雕到附近的公园走一走,让它熟悉人类的社会,也与游客分享赏鸟的乐趣,这就免不了接触到各种各样的人,这些人对鸟的态度也各不同。

游客A,中年人,戴着眼镜,像知识分子,漫步公园时看到小雕,就问鸟王:"师傅,这是什么鸟?那么大,有六七十厘米长吧,眼睛锐利有神,羽毛乌黑有光,鹰嘴金爪。"

"名叫乌雕,是森林的骄子,是国家二级保护动物。"鸟王介绍道。

"能不能让我拍照?要多少钱?"游客A边说着边拿出手机来。

"请便,不要钱。"待鸟王说完,游客A就从不同角度拍了几张,又手扶着小雕站的鹰架,请鸟王帮拍了两张,然后握手道谢。

有六七个青年男女,在不远处正在照相,看到小雕他们就跑过来问:"师傅,能不能让我们和鸟照相?我们每个人都照一张,两三个人在一起再照几张,优惠一点好不好?"

"不收钱,任你照个够。"鸟王热情地说道。在动物园里面与鸟照相都要付钱,这是常见的现象,一听到不收钱,他们高兴得跳起来,忙说:"谢谢!""唔该！（粤语的意思也是谢谢）"

"它叼不叼人或抓不抓人？"其中一个青年好奇而又略带担心地问道。

"不要怕，这只雕是从小养大的，对人十分亲昵，虽然看样子很凶猛，但只要你爱护它，它就对你友善。"鸟王解释道。

这一群年轻人像是打工的，很活泼开朗，依次扶着鹰架与鸟照相，唯有一个较文静的姑娘胆小，不敢扶鹰架。其中一个青年胆大，用手去抚摸小雕，鸟王就教他们如何帮小雕抓痒，好玩极了。小雕仍未成熟到可捕猎，这种年龄是没有攻击性的。

"师傅，这个雕在大自然里吃什么呀？"其中一个青年问道。

鸟王："它吃小动物，兔子、老鼠、小蛇、鸟雀等，有时抓不到活猎物也吃动物的尸体。本来鸟就是人类的朋友，只要人们不捕捉它们，不伤害它们，是可以人鸟和睦相处的。它们在维护自然生态平衡中起着重要的作用。"

"它能捕鼠，当然是好事，但它又会把别的鸟、蛇等动物吃掉，那不是杀生？"另一青年又问道。

鸟王："这个问题提得很有趣。是这样的，在自然界里，各种生物之间往往是相互依赖而又互相制约的。比方说雕吃鸟、蛇等小动物，它能轻易抓到的，多数是老、弱、病、残的活体，健壮的能逃过一劫，留下来做物种，那就等于为大自然选优种，即物竞天择，优胜劣汰。另一方面，无论哪个物种，如果过量繁殖，势必造成灾害。人也要计划生育嘛，从这个意义来说，雕算是为有些动物执行'计划生育'了。"

"师傅，你说得真有道理！"青年们听完不禁称赞道。

在年轻人赏鸟玩鸟的过程中，鸟王有意识地对他们讲一些保护生态环境的道理，诱发他们对鸟的爱心，这伙年轻人欣赏他驯鸟的成果，接受他的观点，令他心里十分快慰。但有时候，也有些游客令他很不愉快。

有一次遇到一位画家在写生，画家请求鸟王给20分钟时间让他为小雕写生，鸟王欣然同意。就在这段时间内，引来一些围观者。

游客B和游客C悄悄地用广州话说：

"这只鹰很正（好），如果用花旗参炖，或者和当归、北芪一起泡酒，补身、壮阳效果绝对一流。"

"他肯卖的话，上千元我也舍得买。"

鸟王听着,冷眼一扫,尽管他们身披名牌,五官并无瑕疵,但在鸟王看来却是蛇头鼠眼,十足雕的天敌模样,心里暗骂:这两个家伙,给广东人丢脸,以为有几个臭钱就什么都可以吃。但也只好压住心中的怒气,平静地对他们说:"这不是鹰,而是雕,是国家二级保护动物,不能买卖,更不能吃。"

看到他们默不作声,鸟王接着说:"这只雕是朋友在森林里捡回来的,捡到的时候很小,不会吃东西,我把它养大,等到它能够独立生活,就把它野放回归大自然。"

这时画家的速写也完成了,众人边欣赏边称赞道:

"画得真像,栩栩如生。"

"你看雕的眼神,无论从哪个角度看,它的眼光都好像在看着你。"

"雕的勇猛、敏捷、高傲都在画像中表达出来了。"

画毕,画家告别鸟王并表示感谢:"我是图画的教师,在上课时学生大多数情况下只能对着鸟标本绘画,这活体写生的机遇实在难得,太感谢你了。"

在往公园闲游的日子里,鸟王交了不少的朋友,尤其是他驯养的雕能成为游人拍摄和写生的活题材,增加了他的成就感,业余的生活也充实起来。

公园里有一座约100米高的小山,考虑雕有居高俯瞰的特性,鸟王常带雕到山顶处,登高望远。一些小孩也喜欢登高,有一回,一对夫妻带着一个两三岁的小女孩登顶,小女孩看到小雕,惊奇地对她父母说道:"爸爸妈妈,你们看,这只鸟好大好漂亮呀!"接着跑到鸟王近旁,好奇地问道:"伯伯,这鸟叫什么?它吃不吃糖?"说着从口袋里拿出几颗糖,接着又说:"鸟为什么那么乖?它有没有爸爸妈妈?"

"它不吃糖,它吃老鼠的,它也有爸爸妈妈,我就是它的爸爸。"鸟王耐心解释道。

小女孩微张小嘴、睁大眼睛打量着鸟王与雕,从眼神里充满疑惑,想说又没说。

谁都没想到,就在这时,意外的事发生了。不远处两个小男孩每人手里牵着一个大气球,一个是大公鸡模样,一个是老鹰模样,看样子两个小男孩是一对双胞胎。只见他俩奔跑着接近小雕,他们的父母还跟不上落在后面,由于靠近的速度快,加上两个气球模样怪,小雕经不起突然的刺激,用力起飞,拉开了系在鹰架上的链的扣子,带着一段铁链飞开了。小雕越过高树直冲天空,在公园小山顶的上空盘旋一会儿就飞离了人们的视线。

遥望着天空的鸟王，呆呆地站着，左手还握着空鹰架，无奈地摇了几下头，自言自语道："别了！别了！"鸟王此刻的心情，交织着失落与担心。他担心，小雕是带着一条30厘米左右长的铁链飞走的，无论它在哪里立足，都容易被铁链拴住，从而被困死。而且小雕年幼，还未进行狩猎训练，能在野外谋生吗？他一直待在公园的山顶上，因为山顶是公园的最高处，按照雕的特性是选高处着落的。小雕虽然有地点识别的记忆，可是，等到天黑也不见小雕的影子，鸟王只好没精打采地带着空架子回家。

第二天一早，他迫不及待地跑到公园的小山顶上，东张西望，还是没有发现小雕的踪影。一连四天，鸟王和百鸟园的工人们找遍公园每个角落，均无所获。他想，如果小雕仍在野外，生还的可能性很小，除非被人逮住，但愿它落在有爱心的主人家。尽管没找到，他还是向公园的保安、附近士多店的老板、清洁工等人做了交代，留下自己的电话，让他们一有小雕的信息就告诉他。

鸟王把小雕失踪的消息告诉了小王，小王做了一番分析，认为小雕仍不会捕猎，自幼是人养大的，经常接触人，不怕人，对人有依赖性，若是饿了，就希望从人那里得到食物，人靠近它也不会躲避，这样说来，被人抓住的可能性很大，应该不会饿死的。

又过了几天，果然传来喜讯。

"教授，我是公园的保安员，刚才我看到一只很大的鸟，从大树上飞下草地，想抓在草地上的一群麻雀，你过来看看。"接到了电话，鸟王飞快地找到公园的保安，保安向他描述了当时的情景："草地上有一群麻雀，在'叽叽喳喳'地叫着和活动着，大鸟一飞来，麻雀顿时四散逃命。"

"大鸟抓到麻雀吗？"鸟王问道。

"没有抓到，大鸟好像拖着一条绳子，一下子就飞走了。"保安回答道。

鸟王心想：小雕只要仍在公园，就一定能找到，只要找到小雕，就一定能把它引回来。想不到这个小家伙竟会抓麻雀。

找呀找，鸟王一边找，一边吹起口哨呼唤，眼看日落西山，黄昏将至。可能是黄昏时周围比较安静，他听到了一种熟悉的声音：嗷—嗷—。"对，这就是小雕饿了的叫声！"鸟王心里暗喜道。沿着叫声望去，在远处的一株大树的枝头，伏栖着一个黑物，由于黄昏光线较暗，鸟王又是老花眼，看得不甚清楚。

"靓仔，请你们帮我看一看，那边大树枝头上的黑物是不是一只大鸟？"他对坐在旁边石凳上的三个青年说。

"对！是一只很大的鸟。"其中一个青年回他道。

"太好了，那只鸟叫乌雕，是我飞走的鸟，现在我要把它引回来。"

"可能吗？你有那么大的本事？我们看你怎么表演。"青年们不相信地说道。

只见鸟王手中拿着鹰架子，敏捷地爬上山坡，穿越小树丛，来到小雕附近，选择了便于大鸟容易飞下的地点。鸟王左手扶着木架子，右手拿着一块肉，吹起口哨。几个青年目不转睛地看到小雕一扇大翅膀离开了大树的栖枝，向着鸟王滑翔飞来，在途中左闪右避躲开树枝，准确而平稳地落在鹰架上。此刻鸟王悬着的心也随着小雕的降落而放下了。他轻轻地抹了一把汗，闭着眼睛欢畅地呼吸了几口大气。

那几个青年目睹了这一精彩表演，都立刻跑过去欣赏小雕的雄姿，拿出手机拍照留念，在一片称赞声中道别。

鸟王架着小雕，算了算，它整整飞离了 11 天，漫长的 11 天啊！是怎么熬过来的？

鸟王发现，小雕的脚上除了铁链子以外，还拴着一根小电线，是连接电灯用的胶包线，有四五十厘米长，端点有咬断的痕迹。这些迹象表明，小雕飞走后被人抓住，小王的分析和判断是正确的。可喜的是，聪明的小雕竟把电线咬断，飞回它常去玩的地方——它受惊飞走的小山顶，借此飞回主人的身边。

小雕又成熟和长大了一点，这要感谢那位从未谋面的"猎人"，要不是他，小雕可能会饿死；但要不是他，小雕也可能会早一点飞回来。小雕之所以要出走，是因为那个人不会养雕，抓到它以后就顺手拿来一条电线拴起来，脚踝没有加上保护皮套，被电线磨得红肿，小雕疼得受不了，只好"越狱"。

"越狱"出来的小雕，饥饿促使它早熟，追捕麻雀，这意味着可以训练它捕猎了。捕猎对于雕来说属本能行为，它们能无师自通。当然，在自然界中，有母鸟调教，小鸟就能快些掌握捕猎谋生的本领，鸟王就义不容辞地代替母鸟着手训练小雕的捕猎了。

开始时在室内进行，投放麻雀、鹌鹑之类的活体，小雕很容易就爪到擒来，用钩嘴稍拔毛就整个吞下。若是投放鸽子，它就用一个爪抓着鸽子的脖子，另一个爪抓住反抗最大力的部位，同时张开翅膀把鸽子罩住，用爪和钩嘴把鸽子杀死。然后用钩嘴拔毛，把飞羽和尾羽拔掉，其余的短毛草草地拔一会就用嘴把鸽子撕成碎块，撕一块吞一块，慢慢享用。

如果只吃了一只麻雀，再投放别的猎物，照样捕捉，但吃了一只鸽子以后，它就饱了，对别的猎物不再兴奋了。在它很饿的时候（会发出叫声），假如拿在手里的猎物投放慢了点，它就以闪电般的速度从你手中抢走猎物，如果忘了戴皮手套，一不小心就会抓破你的手。怪不得猎人常说：饿鹰出猎。

鸟王培训小雕捕猎的难度逐步加大。他把用捕鼠笼捉到的老鼠（约半斤重）直接投放给小雕，小雕立刻扑到老鼠的跟前，但不急于出爪。毕竟是新猎物，它先把老鼠逼到墙角，然后用一只爪试抓，老鼠立即掉头想反咬，只好收爪，再试再收。终于，它看准了猎物只有嘴具有攻击性，于是两爪齐出，一爪按按住老鼠头部，一爪抓住老鼠屁股，紧抓不放，用勾嘴又啄又撕，没一会儿老鼠就成了小雕的腹中物，一点不剩。次日小雕会再把难以消化的骨头吐出来。

鸟王驯鹰

小雕对蛇肉特别喜欢，鸟王决定安排一次小雕捕蛇的演习。在小雕饥饿时先用塑料玩具蛇逗它，它果然很兴奋，扑过来想抓。恰巧鸟园拉网捕鱼时捉了一条无毒的活水蛇，不到半米长，于是鸟王选择了室外一块开阔草地，带上小

雕。由于小雕是自幼人工养大的,没有逃逸的野性,带到室外也不会飞走。

把蛇一放开,蛇就按之字形快速爬行,小雕看到动的东西,就会做出定向反射,锐利的目光跟踪着逃逸的蛇。是时候了,放小雕!只见小雕猛扑过去,蛇也很机灵,看到天敌飞近,立刻停止爬行,蜷缩着身躯,仰起头做攻击状,双方相持了好几秒,蛇又逃走,小雕跟上,蛇又重复刚才的动作。

这回小雕看准了,当蛇再次低头爬行时,小雕以迅雷不及掩耳的速度用双爪死死地抓住、按住蛇头,小雕以为制止了蛇的反击,没想到蛇用身躯和尾巴拍打和纠缠小雕。小雕也不示弱,用有力的翅膀还击,蛇哪里动就拍打哪里,直打到蛇一动不动为止。最后小雕好不容易才把蛇全部吃掉。

从小驯养的雕既能捕鼠,又能捕蛇,但捕蛇没有蛇雕那么专业,蛇雕可厉害哩!笔者在电视中看过,在高空的蛇雕若发现在地面活动的蛇,会立刻从高空俯冲下来,在蛇还来不及做出反应时就抓住它,然后吊到半空再把蛇扔下,让蛇摔得半死,然后再收拾它。如果蛇雕在繁殖育雏期,会把不太长的蛇吞下肚里,在嘴边留出一小段蛇尾,回到窝里再让幼鹰叼着蛇尾慢慢把整条蛇从母雕嘴里拉出来,然后由母雕把蛇撕成小段喂幼雕。

经过实战演习,小雕已具备"野战"的本领。为了初次野外出猎有收获,鸟王邀请有经验的小王来指导。他们听说广州近郊从化山区有芒鼠出没,芒鼠体形比一般田鼠大很多,一般有两三斤重,喜欢吃芒类植物(芦苇、橡草、芒草)的嫩叶和根。

他们翻山越岭,在当地农民的指点下,终于在一个大山塘边发现有芒鼠活动的踪迹。小王根据鼠路,拨开橡草找到了一个鼠洞,洞口附近有新鲜的粪便,确认洞里有芒鼠。于是让鸟王带小雕在鼠路上伏击,他用挖洞铲掘鼠洞,大约掘了两分钟,伴随小王一声惊叫,跑出了一只硕大的芒鼠,沿着鼠路逃逸。由于体形大,芒鼠逃走的速度明显比田鼠慢,而且目标也大。敏捷的小雕看到了猎物,身体向下稍蹲,翅膀伸展,像短跑运动员听到发令枪声,像离弦的箭般一下子扑到芒鼠身上,用双爪抓住不放,用张开的翅膀围罩住芒鼠,芒鼠发出"吱吱"的叫声奋力反抗。这只芒鼠要是遇到老鹰,也许还有可能挣脱,但撞到鸟雕的爪里,是绝对逃不掉的。猎物到手,本应要奖励小雕,但为了继续捕猎,不能让它吃饱。两人余兴未尽地继续在周围搜捕,但折腾到累了仍一无所获。半饱的小雕仍很兴奋,于是喂饱它后就回城,两人一路上谈笑风生。

鸟王："在大自然中，风雨雷电随时袭来，天敌无处不在，弱肉强食，适者生存。我们的小雕从小在主人的呵护下长大，若把它野放，恐怕不容易适应。但我也不想长期占有它，希望有更多的人去欣赏它。说真的，我这个人就喜欢探索，对动物尤其是鸟类，充满喜爱和好奇，着重实践探索的过程，享受成功的喜悦。"

小王："正因为你抱有这种理念，所以我才乐意帮助你。我建议你最好把小雕赠送给动物园，让它有一个好归宿，发挥更大的作用。"

鸟王："我的想法和你一样，乌雕是一位'高僧'，百鸟园是一个'小庙'，留下它有点屈才。正好我有一位老同学曾在动物园当过领导，现在退休当顾问，找到他这件事准能办妥。"

不久，鸟王联系上他的老同学老廖，动物园派专车来接乌雕。动物园正好没有这个鸟种，还捎来了两只小老鹰，是动物救护站送给动物园的。鸟王没想到付出还有回报，又能与老同学相会，分外热情高兴。

老廖："老苏，几个月没来，你的鸟园又充实了，居然还学会了育鹰、驯鹰，真是老当益壮呀！"

鸟王："多得你的指点，鸟园在鸟防治病方面才没有出问题，禽流感对我的鸟园没产生影响。哦！想起了一件事，还要请你帮忙。"

老廖："什么事尽管提出，我会尽力而为，老同学嘛！"

鸟王："冬天快到了，大部分鸟是吃昆虫的，鸟园的食谱就缺乏动物性的蛋白质，你们动物园能自行繁殖蝗虫，那太好了，请你教会我这种技术好吗？"

老廖："这样吧，我先给你文字资料，等你准备工作就绪我再过来指导一下就是了。"

得到老同学的指点，鸟王养殖蝗虫成功，为百鸟园吃虫类的鸟雀提供了丰富的食物，也多得老同学的关照，百鸟园又多了两只老鹰。

鸟王由于驯养乌雕取得经验，所以也能顺利地驯养大两只小老鹰，并让它们加盟"老鹰出猎"的表演。从小驯养大的老鹰更适合用来表演，一来与表演人容易配合；二来也更习惯多人的场面。

我走进了鸟类王国

第十章 绿衣"天使"

把红领绿鹦鹉比作"天使",是因为它美丽,它濒危稀有,它留恋"人间",它不请自来,又失而复得。

百鸟园建在公园内,所以百鸟园的鸟区外都种有很多树木,有不少是果树或结有果实的树,如芒果、杨桃、番石榴、蒲桃、榕树等。本来这些树木对野鸟就有一定的吸引力,加上百鸟园内鸟儿的鸣唱,自由鸟的飞翔,以及专门为自由鸟投放的食料,每天都有不少野鸟也在这里觅食、鸣叫,让百鸟园充满生机。

来百鸟园做客的野鸟,基本上都是当地的留鸟,有鹭鸟类、椋鸟类、鹎类,还有鹊鸲、绣眼、麻雀、画眉等。某天,鸟王发现有一只野鸟与众不同,它混在一群虎皮鹦鹉自由鸟当中,像鹤立鸡群。这只鸟红嘴、红领、绿翅、长尾,明显大于虎皮鹦鹉,是一种中等大小的鹦鹉。正要进一步观察的时候,它竟然飞走了,不过幸好第二天它又来做客。这只鸟那么漂亮,好像在什么地方见过?对鸟特别敏感的鸟王,回忆起了几十年前的事。

在文山就读小学的时候,每逢假日和水果番石榴成熟时,小文山常到叔父的番石榴园玩。除了摘番石榴吃外,还有很多好玩的,掏鸟窝、捉蟋蟀、捕蝉、捉田鼠等。小孩子总是先摘水果,吃饱了再玩别的,于是文山就到工具房里拿来一根约两米长带钩的小竹竿。番石榴的树属灌木科,树并不高大,而且树枝很有韧性,遇到长在树枝末端或树顶的果,只要用钩把枝头拉弯下来就可摘果。

正当文山看到一棵树顶上有一个熟透了的大番石榴，想用竹钩勾下来的时候，有一只漂亮的小鸟已捷足先登，正在啄食那只诱人的果。要是一般常见的鸟，文山早就用竹竿把它赶走了。可是，眼前这只鸟实在漂亮，红嘴、绿翅、长尾、嘴大而短，文山从未见过，喜欢极了。他放弃了夺果，静静地细看鸟儿吃果，只见它又用大嘴又用爪，它的爪简直像人的手，可以抓着一块果肉往嘴里放，最后还叼着一块飞走。鸟儿利落的动作，灵活的飞翔，漂亮的羽色，响亮的鸣叫……实在叫人喜欢和难忘。他就迫不及待地去问叔父（叔父排行老二）："二叔，刚才我看到一只很漂亮的鸟在吃番石榴，这只鸟红嘴巴、绿翅、长尾，是什么鸟？"

二叔："那是一只莺哥（当地人对鹦鹉的俗称），时不时会来偷吃。"

文山："是不是奶奶给我讲'莺哥寻母'故事中的莺哥？"

二叔："对，就是那种莺哥。"

文山："太漂亮了，以后它来偷吃番石榴时，你不要赶走它，想办法把它捉住给我养。"

其实，二叔每次见到那只鹦鹉来吃水果，不但不赶它，反而在一旁欣赏它的美，也知道文山不会养这种鸟，所以没有答应他。

虽然已事过境迁，但回首往事，对那只鹦鹉的印象仍历历在目。为了进一步加深对它的认识，鸟王就翻阅有关资料，知道那种鹦鹉的名称是红领绿鹦鹉，整体呈绿色，嘴红、尾蓝、端黄，虹膜黄色，脚偏绿色，分布于东南亚及中国的东南部，见于香港、澳门，在广州曾出现过。一般栖于山地、耕地、果园、落叶林、村落周围的开阔林地等。集小群活动，有时也与别的鸟混群活动。性温和，喜在早晨和黄昏鸣叫，在树间快速飞行，边飞边鸣，声响亮。觅食时在树上攀枝跳跃，摘取果实，有时

红领绿鹦鹉

也飞到耕地寻找玉米、谷物为食，也食嫩芽、花蜜、种子及木蠹虫。繁殖期在春夏2月至5月间，发情时散群成对交配，成对筑巢育雏。营巢于高大的树洞中，一般每年一窝，每窝孵4~6枚蛋。

红领绿鹦鹉喜欢用嘴叼住果实、种子到处飞，随处放，有时吃下酱果拉出不能消化的核（例如番石榴等），无形中就传播了种子。在茂密的树枝中，背阳光的那些嫩枝往往是要修剪的，它会咬断吃掉，而且也会吃害虫。由此可见，这种鸟除了给人们带来美的享受外，还有为大自然传播种子、消灭害虫等功能。

在1998年出版的《中国濒危动物红皮书（鸟类）》中已把红领绿鹦鹉列为濒危鸟种。由此可知，来百鸟园做客的红领绿鹦鹉，估计不会是野生的，说不定是从鸟市场或某个正在饲养它的人家里逃逸出来的。

鸟王从有关的资料中知道这种鸟的珍贵和它的习性，对这位"来客"显得十分重视，每天为它准备丰富的食物，有葵瓜子、玉米、粟、麻仁、水果等，用小盘盛着，只要看到红领绿鹦鹉来了，就把小盘放在盛食料的大盘旁边。果然，它和虎皮鹦鹉还有别的自由鸟混群来啄食，鸟雀们一下子就先把小盘里的食物吃光（小盘里的食物比大盘里的品种多而且更好吃），再吃大盘里的。鸟王有意走近，红领绿鹦鹉没有飞走，它并不怕人，仔细看时发现它的左脚踝处有一铜环，这就可以肯定它不是野鸟。

养它的人是谁？那已无法考究了。既然它不请自来，那我就成为它的新主人吧，鸟王想着。要成为一位合格的新主人，那就要花很多工夫。为此，鸟王亲自培训它，每见到它出现，就拿着盛有各种它喜欢吃的食物的盘子靠近它。开始时在一群虎皮鹦鹉的带动下它会飞来吃，后来它单独都敢来吃。鸟王为它起了个名，叫作"绿衣"，每次呼唤"绿衣"它就有好东西吃，很快条件反射就建立了。

鸟王进一步训练"绿衣"能站在人的手上吃东西。鹦鹉与八哥不同，八哥不让人触摸它，而鹦鹉则喜欢人用手指头帮助它在头上抓痒。经过一段时间的训练，终于成功了。只要一叫"绿衣"，它就飞来，飞到鸟王手上，接受鸟王用指头替它抓痒。

接着要教它讲话，鸟王教鸟讲话是有经验的。他首先从简单的单词如"早晨""你好""拜拜""先生""小姐"等教起。经过两天的调教发现，它会讲"你好"，应该说它本来就会讲这个词，只不过过了太久就忘记了，经过复习很快又记起来了。于是鸟王也不急于求成,首先从巩固"你好"这个词开始教。

这只来做客的红领绿鹦鹉,经鸟王一系列的培训后,不但不怕人,而且能飞跳到游人的手上要吃的,偶尔会开金口说"你好"。在百鸟园中虽然也有大型、中型的鹦鹉,像金刚鹦鹉、葵花鹦鹉、大绯胸鹦鹉、亚历山大鹦鹉、鸡尾鹦鹉等,但都是上架或放养在鸟区内的。在自由鸟中的鹦鹉,它是最大、最漂亮,引来不少"粉丝",人们常用手机替它拍照。

鸟王深知红领绿鹦鹉是难得的濒危珍稀鸟类,这个绿衣是意外所得,应该好好地饲养它。遗憾的是只有一只,不能配对繁殖。从绿衣的羽色看,它有一条环绕颈的"领带",颈后呈红色,颈前是黑色,应该是一只雄鸟(雌鸟是没有的)。他很想再找到一只雌的红领绿鹦鹉,这样就可以试行人工繁殖,拯救这个濒危物种。

他又想到,万一绿衣的原主人找到它,怎么办呢?物归原主是应该的,但百鸟园花了那么心思训练它,有点舍不得。如果真出现这种情况,届时要么出钱买它,要么用别的原主人喜欢的鸟换它,如果原主人不肯,那也无别的办法了。想到这,想到那,但就是没有想到会有人偷走它!

某天,就是一顿午饭的工夫(百鸟园的工作人员正在吃午饭,门口的售票员也一边吃饭一边卖票),红领绿鹦鹉被人偷走了。售票员回忆,当时是有一位男游客,遮遮掩掩地拿着手提包匆匆走出门口。

鸟王有些后悔,觉得不应该把绿衣培训到那么"小鸟依人",令小偷轻而易举地捉住它。怎么办呢?如果偷鸟者拿回去自己养,那再找到它的可能性不大,除非它"越狱"逃逸,如果偷鸟者把它卖了,以后再遇到它也是有可能的。估计后一种的情况概率大,因为喜欢养宠物的人素质较好,不会堕落为小偷。按照这样分析,小偷把绿衣卖出去的可能性更大。他要是出手卖,肯定要配一个鹦鹉架才卖得高价钱,况且如果光拿着一只无笼无架的鹦鹉兜售,会让人怀疑是偷来的或至少觉得是来历不明的。

为了尽快寻到绿衣,鸟王第二天就到鸟市场卖鹦鹉架的档口打听,结果是几个档口都卖过鹦鹉架,反馈回来的信息没有参考价值。会不会小偷把鹦鹉装上架后再卖到鸟市场呢?于是鸟王每天都到鸟市场巡视,一连两三天都不见绿衣的踪影,只好放弃。

绿衣不见了,鸟王心里有一种失落感。如果是原来的主人来领走了,心里

还宽慰些,因为已享受到培训成功的过程,它也曾为百鸟园添过光彩了。可是,现在绿衣是被人偷走,鸟王不免有些自责。虽然绿衣本来就不属自己,但想通过搞繁殖来拯救濒危鸟种的愿望落空了。

又过了一段时光,五一劳动节到了,正当繁忙的节日冲淡了鸟王对绿衣的思念的时候,奇迹出现了。某天他与朋友到一咖啡馆去消遣,就在他和朋友踏进咖啡馆门口,咨客在施礼接待时,意外听到熟悉的声音:"咯咯!"他抬头一看,看到一只绿色的鹦鹉站在鸟架上,被一条铁链拴着。是不是我心爱的绿衣呢?鸟王心里自问道。他细心打量着,看到鸟架是新的,铁链也是新的,唯有鹦鹉脚上的铁环是旧的。

他沉住气,不急于说什么,先找位置坐了下来。他一坐下就发呆沉思,服务员问他要喝点什么他也没听到,朋友问他:"教授,你在想什么?干吗在发呆?"

"门口挂着的那只鹦鹉,好像是百鸟园丢失的那只!"鸟王回道。

"有那么巧的事儿?你可看清楚呀!"朋友吃惊道。

服务员递上两杯咖啡,鸟王边喝咖啡边思考:如何通过问话和表演证实鹦鹉是自己养过的?又如何把它从馆里要回来?想好以后,他就去找到女老板,问:"老板,你这只鹦鹉是最近买的吧?"

老板:"是的,你常来这里吗?不然你怎么知道?"

鸟王:"我一看到就知道,鸟架和铁链全是新的,在哪里买的?花了多少钱?"

老板:"是一个青年拿来兜售的,1500元。你也喜欢玩鹦鹉吗?"

鸟王:"请问,附近公园的百鸟园你去过吗?"

老板:"去过,那里养着很多鸟,有会说人语的。百鸟园里的鸟都不怕人的,很好玩,那里也有很多鹦鹉。"

鸟王:"谢谢你的称赞,我就是百鸟园的鸟王。不瞒你说,这只鹦鹉是在百鸟园被人偷走了卖到这里来的。"

听到这么一说,女老板有点紧张,忙说:"哎呀!难道卖鸟的青年是小偷?怪不得卖得那么便宜!我想问你,你怎样证明这只鹦鹉是你百鸟园的?"

鸟王:"请容许我试一试,以博一笑,好吗?"女老板点头,鸟王就走近鹦鹉,对它呼叫:"绿衣!绿衣!"

"咯！咯！"鹦鹉做出回应的同时，在架上尽量靠近鸟王。只见鸟王伸出食指，鹦鹉就把头挨过来，鸟王用食指头轻轻替它抓痒，那鹦鹉的颈就立即松毛放松，眼睛半闭，十分享受。抓痒毕，鸟王又举起拇指和食指作喂食状，对鹦鹉说："你好！你好！"

"你好！"鹦鹉竟然在众目睽睽下应了一句。在场有好几个食客发出赞叹，老板还是第一次听这只鹦鹉说话，也很高兴。有一个好事的食客，也学鸟王想替鹦鹉抓痒和逗它讲话，然而鹦鹉没理睬他。

女老板带着无奈的笑容对鸟王说："我服了，你确实是这只鹦鹉的主人！"

鸟王见拿回它的条件成熟了，本想把这只鹦鹉的来龙去脉告诉老板，但又觉得没这个必要。想出双倍的价格买回来，又觉得这似乎对女老板不尊重。思索了一会，终于想出一个志在必得的办法，对老板说："老板，我想把你买鹦鹉的钱给回你，然后我再送一只会讲话的鹩哥给你，鹦鹉给我，因为我准备把它配对繁殖。你看这样可以吗？"

"你送给我的那只鹩哥会讲什么话？"女老板问道。

"会讲广州话和普通话，至于会说哪些词语，到时以你听到的为准。"鸟王不说那么具体，故意吊一吊女老板的胃口。

"你真是个通情达理的人，鹦鹉你拿走吧！物归原主，钱我也不要你的，咱们交个朋友吧！"女老板爽快答应道。

次日鸟王把一只讲话水平较高的鹩哥拿来，换走了绿衣，同时当场教会老板逗鹩哥讲话。在鸟王的引逗下，那只鹩哥当着众多在看热闹的食客用广州话说："欢迎光临！"又用普通话说："恭喜发财！"声音雄亮，声调十分像女人的声音。这时他做离开状，向鹩哥招手说："走啦！""Bye！"鹩哥即用英语回应。

"哈哈哈！"女老板和食客们都忍不住发出嬉笑，无不赞叹！有食客在细语评论："这只鹩哥讲话那么好，至少值两三千元。"

女老板对鹩哥十分满意，她再三谢绝收钱。

鸟王领回了绿衣，像中了彩票那样兴高采烈。这回他打算精心伺候这个失而复得的宝贝，把鹦鹉架放在自己的房里，首先着重训练它以房为家，以架为巢。从它来时就带着脚环可知，它曾是在鸟架上饲养的，所以习惯在鸟架上生活。经过一段时间的培训，可解开铁链放它出去活动，只要听到叫它的名"绿衣"，它就能飞回房里，跳到架上，当然架上的杯子里早已放好它喜欢吃的食物

和水。

有时鸟王外出办事,怕它再次被偷,就关好房门、窗门,让绿衣在房里自由活动。岂料这只绿衣比以前的小聪调皮得多,仅半天的工夫,就做了几件恶作剧的事:把塑料胶花一朵一朵地啄下来,叼到鸟架的盘上;把书桌上的笔帽咬碎;把鸟王大衣的一个纽扣咬了下来放在鸟架的水杯里。

作为鹦鹉,它哪里懂得哪些行为应该,哪些又不应该呢?显然,它对感兴趣的物件才会去动它。这件事启发了鸟王,鹦鹉喜欢玩具。于是鸟王就买了些塑胶花、塑胶果之类的,还有小车,在小车的尾部装上凸出的手把,又做了一个会左右摇荡的小秋千。把这些玩意儿摆设在房里,把它当成两岁的小孩,看它会不会玩。

它最初玩的是塑料花果,叼来叼去,也咬坏了一些。接着又会推小车,用嘴咬住把手向前推,一直推到墙边不动为止,不会再拉回来。主人只好把小车又拿回房子的中央,绿衣看到又去叼着、推着玩。对于小秋千,因为陌生,它不敢飞上去,但在鸟王的引导下,上了几次就不怕了。鸟王让它站稳后再轻轻地左右摇晃小秋千,几次训练后它就学会了掌握平衡,自己也能利用摇头来带动秋千,十分得意。后来竟然把鸟架也当作秋千摇晃。

这只鹦鹉不但喜欢与别的鸟混群活动,也喜欢别人陪它玩。只要它和主人或别的人都在房里,就喜欢人陪它玩。例如,小车推不动时要你帮助它启动,喜欢你用手把秋千的振幅加大,喜欢你把塑料花拿在手里让它来叼……驯鸟师就是利用鹦鹉喜欢玩玩具的爱好,因势利导训练它进行技艺表演的。

如果你不理睬它,它也会自娱自乐,不过玩不了多久它就把塑料花果叼出房外与别的鸟共享,但它从不会叼回来。鸟王只好在它叼走后又再买,买回来了它又叼走。更有甚者,它还会把桌上的铅笔、橡皮、圆珠笔等,只要是它能叼得动的小物件,都给你弄出房外。

唉!它调皮得可爱,调皮得漂亮,真想替它找个"妻子",以便繁殖后代。可是,又到哪里"相亲"呢?这颇让鸟王伤脑筋。

第十一章 多情的葵花鹦鹉

人有七情六欲,感情是很复杂的,有的人乐于助人,有的人善妒,有的人占有欲强……然而,葵花鹦鹉也有这些感情,你相信吗?

鹦鹉是鸟类的佼佼者,因为它会说人语,智商较高,加上羽色漂亮,对人分外亲近,因此人们都喜欢饲养。养鹦鹉的人多了,有关鹦鹉的故事自然也不少。下面就列举几个人们养鹦鹉所发生的真实故事(在报刊报道过)。

故事一:爱鸟救主。

英国有一名女子,患有"睡眠呼吸暂停综合征",这意味着她会在熟睡时突然暂停呼吸,甚至因此死去。但幸运的是,这名女子饲养了一只宠物鹦鹉,当她每次呼吸暂停的时候,那鹦鹉都用扑打和啄咬的方式让主人醒来,从而拯救她的生命。

起初,这位女子并不知道为什么鹦鹉在她熟睡时要如此疯狂地把她弄醒,还以为鹦鹉感到寂寞,要她与它玩,这让她感到有些烦。后来她丈夫观察到,原来是因为鹦鹉发现主人暂停呼吸,才把她唤醒以恢复呼吸。这只鹦鹉实在聪明可贵。

故事二:鹦鹉学舌助破案。

故事发生在外国,某家庭在一个晚上遭遇了被盗案,当时家里没有人,恰巧养的一只鹦鹉在。当警员到这家现场侦察时,偶然听到一种人声:"彼得,到这儿来!"这个叫声重复了两三次。警员发现,原来是一只拴在架上的鹦鹉在说

话。警员开始以为这家人中有人叫彼得,所以他们并不在意。

正当案情处于迷茫阶段的时候,警员四处打听是否有见证者,但发现唯一的见证者只有那只鹦鹉。鹦鹉是不会告密的,只会学舌。细心的警员想到,那句话是跟谁学的呢?在场的警员没有人的名字叫彼得,显然他们在现场也没有说过这句话;又进一步了解到这家人没有人名叫彼得,而且也没有一个名叫彼得的人来过这个家。由此可以推断,"彼得,到这儿来"这句话是窃贼在作案时,其中一个人呼唤另一个叫彼得的人说的,刚好被鹦鹉听到了。由于当时的场面对鹦鹉是一种应激,令其印象深刻,容易学会这句话。

这句话就给警方破案提供了一个重要的线索,接下来警方通过对所有名叫彼得的人进行排查,最后果然逮捕到一个名叫彼得的作案贼人。盗窃案得以了结,这只鹦鹉立了一功。

故事三:地震报警。

故事发生在印度尼西亚某个岛,有一户家庭养了一只鹦鹉,让它站在鸟架上。它叫声响亮,大声叫时有80分贝以上,不过晚上睡觉时却很安静。有一个晚上,在半夜时,这只鹦鹉忽然很烦躁,大声鸣叫,把主人吵醒了,那时正是半夜三点钟左右。主人起来开灯看个究竟,发现周围没有什么异常,只看到鹦鹉架微微晃动,以为是鹦鹉自行走动引起的,于是继续睡觉。

过了三五分钟,鹦鹉又叫,主人无奈再次起身,这次留心观察,发现除了鹦鹉架微微晃动外,吊灯也在晃动。地震?但只有微微的感觉,坐下来再观察,又平静下来了,室外无任何动静,只好安心睡觉。

主人第二天起来,听到人们说昨晚三时左右发生了轻微的地震,报道是3.2级,才明白半夜鹦鹉鸣叫真的事出有因。很多动物对地震的感觉比人敏感,鹦鹉也不例外。假如那天地震的级别较大,鹦鹉的报警将起重要的作用,人们可以提早警觉逃走。

以上三个真实的故事的主人公都是同一种鹦鹉,这种鹦鹉叫作葵花凤头鹦鹉(以下简称葵花鹦鹉)。它的头上长着红色或黄色的冠羽,嘴(喙)黑色,粗而短,咬合力大,像一把尖嘴铁钳,可以咬扭断小铁丝。这种鹦鹉全身羽毛白色,眼睛和脚爪都是黑色。原产于新几内亚、澳大利亚。野生的多在农田等开阔地带活动,以种子、嫩芽、嫩叶和果实为食,有时也用有力的嘴挖掘根、球茎等为食。常集成大群活动,发出尖厉的鸣叫而制造噪音。晚上栖息在树上,炎热的中午也在树上休息。繁殖时营巢于树洞中。

这种鹦鹉体型大，羽色洁白无瑕，凤头威武，重感情，亲主人，所以人们都喜欢把它当宠物饲养。又由于它智商高，喜欢玩玩具，驯鸟师就相中这种鹦鹉，训练它们做技艺表演。

在本书的第二章介绍的鸟类表演中有鹦鹉表演的节目，为了培训这些鹦鹉表演，百鸟园专门划出一个小区域放养表演的鹦鹉，有金刚鹦鹉、葵花鹦鹉、大绯胸鹦鹉、虎皮鹦鹉等，有时亦将"绿衣"（红领绿鹦鹉）放进去。

驯鸟师要利用鹦鹉爱玩玩具的特性来训练鹦鹉，就要把玩具融入表演节目中，所以在这个区域里摆设有秋千、攀梯、推车、小皮球、塑料花果等玩具。

葵花凤头鹦鹉

这群"演员"都很有个性，葵花鹦鹉的个性较突出，尤其是多情出众。它们在鸟区内的表现很有趣，几乎可以与上台的表演相比，且看它们求偶交配的表现：发情时雌鹦鹉走近雄鹦鹉，低下头向雄者乞求喂食，雄鸟见状，用吐食的方式嘴对嘴地喂雌鸟，雌鸟接受了喂食后，处半蹲状，尾下垂敞开，雄鸟随之整装"上马"，双双展开翅膀，以保持站在栖木上的身体平衡，双翅翩翩扇动，头部上下起伏，雄鸟的尾巴向下压，像在跳"双人舞"。

交配完毕，雌雄鸟首先各自用嘴梳理羽毛，以保持美丽。但不能自行梳理头部的羽毛，于是就互相代梳，表现得十分温馨。鹦鹉都喜欢梳理羽毛，它们是群体性的鸟类，有时也互相梳理头部的羽毛，不一定是雌雄之间，也不一定是同一品种。

葵花鹦鹉雌雄鸟一旦建立了感情，不论是雄鸟还是雌鸟，对伴侣都有占有欲。如果发现别的鸟替它的伴侣梳理羽毛，它就会攻击对方。此外，它们对喜欢的玩具也有占有欲。比如它喜欢荡秋千，它在荡秋千时，如果别的鸟也飞上秋千想与它一起荡，它绝不容许；即使它不在秋千架上，只要看到别的鹦鹉在玩，它也要去赶，似乎认为秋千是专属于它的，不让其他鸟与之分享。

由于驯鸟的需要，鸟王和驯鸟师都要与被训练的鸟建立亲密的关系，一有

空就进内陪鸟玩,喂好东西给它们吃,温柔地抚摸它们,替它们抓痒。葵花鹦鹉表演的项目多,自然与鸟王及驯鸟师接触多。这样,它就认定了这两位朋友(或者称主人)。

葵花鹦鹉对玩具、鸟伴侣有占有欲,是可以理解的,前面所述的斗画眉鸟要有雌鸟助阵,也是占有欲的表现。但葵花鹦鹉对人也有占有欲。

有一次驯鸟师的女朋友来访,驯鸟师特意带她进鹦鹉训练区,让她喂鸟,与鸟亲密接触。正在玩得开心的时候,鸟王建议驯鸟师和女朋友在一起照一张亲密的照片,于是他俩在摆姿势,肩并肩,手勾背,女的作小鸟依人状。这一切却被离得不太远的一只雄性葵花鹦鹉看到,只见它大叫一声就飞到靠近驯鸟师女朋友的树干上,随之竖起黄色的羽冠,展开翅膀,摩擦着黑色的大嘴,伸出舌头,眼睛一闪一闪地,瞳孔大小交替变换……

"鹦鹉要咬人啦!快走开!"正在拿相机的鸟王懂得它的脾气,知道它要攻击驯鸟师的女朋友了,赶紧提醒道。

幸好及早发现,不然被它咬着必然连衣服和皮肉都会破损。驯鸟师的女朋友不解地问道:"刚才我和它玩得好好的呀,为什么一下子就翻脸不认人了?"鸟王对她解释说:"驯鸟师在训练葵花鹦鹉的过程中,和它建立了亲密的感情。它出于多情或者说出于嫉妒,要占有主人,于是就排斥与主人接近的人或鸟,这种排斥就表现为攻击。"

"对不起,我只顾得照相,却忽略了这一点。"驯鸟师忙对女朋友表示抱歉。

为证实葵花鹦鹉对别的亲近驯鸟师的鸟也攻击,他当场演示给女朋友看。他当着葵花鹦鹉的面,招来一只大绯胸鹦鹉到他手上,果然那葵花鹦鹉大叫两声直冲过来,大绯胸鹦鹉还来不及与驯鸟师亲热就被吓飞了。

虽然同样是攻击,但也有不同。对于弱势力的攻击对象,只要大叫一声或用大嘴一啄把对方赶走就了事。如果它认为是"巨无霸"型的攻击对象,例如人,它就要摆出像对驯鸟师女朋友那种"大阵仗"的威武来了。

"你是它的主人,它不会攻击你吧?"驯鸟师女朋友以为葵花鹦鹉会像狗那样绝对爱护主人,便问她男朋友。

"它也会攻击我的,如果我们违背了它的意愿,或者触犯了它的本能,对主人也会攻击的。例如,有一次它正在荡秋千,还未尽兴,我硬拉它去训练,它就攻击我。如果它在求偶时,谁去干扰它,哪怕是主人,也会受到攻击的。"驯鸟师答道。

站在一旁的鸟王补充说："有一回，朋友要替我拍照，要我先把一只大金刚鹦鹉引到左手站着，又把葵花鹦鹉引到右手，这样才像鸟王。岂料葵花鹦鹉一点也不配合，它没有攻击金刚鹦鹉，而是攻击我，不容许我和别的鸟亲热。"

"哎呀！葵花鹦鹉也容不得'小三'啊！"驯鸟师女朋友这么一说，大家都笑了。

"不过，葵花鹦鹉对主人的攻击与对陌生人的攻击不同，它是嘴下留情的，只作警告性的轻咬。"鸟王接着补充道。

葵花鹦鹉有点像不太懂事的两三岁的小孩，小孩子出于对妈妈的爱，往往不容许母亲把爱分给别人，就排斥与母亲接近的人。不过小孩排斥的方式要比鹦鹉复杂些。

葵花鹦鹉对主人与其他人或鸟的过分亲近行为排斥，不是偶然现象，是普遍存在的。有一个爱玩鸟的青年，在百鸟园买了一只葵花鹦鹉，调教得很听话，十分可爱。不久他结婚了，本来很温顺的葵花鹦鹉，一见到青年与妻子亲热，它就醋意大发，攻击女方。后来发展到不亲热也攻击，如果老是把它拴在鸟架上，它就大声叫，也不好玩。无奈之下青年只好来百鸟园向鸟王求计。

鸟王帮他设计了一个调教的方案，告诉他："你首先要知道怎样去避免攻击，弄清攻击的诱因。它对你妻子的攻击是为了占有你。除此以外，违背它的意愿，如它不想进笼或上架时你强迫它，它正在玩得兴致大发时你不让它玩；以及当鸟站在你的手上时，令它感到不舒服，或感到有威胁，它都会攻击。

"你还要善于及早发现它攻击的预兆，一般的表现是：攻击前羽毛体态有改变，'怒发冲冠'，几乎全身的羽毛都竖起来，伴随着叫声，眼睛闪动……此时就要避免，可选择离开，也可设法分散它的注意力，如给水果、给新奇的大玩具等，能发出声响

葵花鹦鹉吃东西

的玩具效果更好。

"当然,长远之计是女方要逐步与葵花鹦鹉建立感情。为了给她一个机会,建议在一段时间内男方少接近葵花,让它在孤独而且饥饿的状态下由女方喂食。当它在笼里或鸟架上困烦了的时候,由女方给它解脱,并给玩具玩。在与女方单独接触时能接受食物,接受玩具,不再攻击时,再进一步与它亲热,轻柔地抚摸它,替它抓痒。"

过了一段时间,青年人又来到百鸟园,很高兴地对鸟王说:"教授,我们按你教的方法去做,果然有效。现在葵花鹦鹉不攻击我老婆了,与她玩得很协调,但我俩还是不敢当葵花的面亲热。"

"对待葵花鹦鹉,就当对待你的孩子一样,大人也不应该当着孩子的面亲热嘛!但三者同时亲热,葵花鹦鹉能否接受呢?这就要看你们如何处理了。"会见毕,青年恍然大悟,兴高采烈地离开了百鸟园。

鹦鹉是一种群体性的鸟,无论哪个品种,在野外都喜欢成群活动。如果是单独饲养一只,由于害怕孤独,它就比较容易与主人沟通,也容易与人亲近。所以驯鸟师在培训鹦鹉技艺时,都是单独进行的,培训完毕就让它混群活动,这样才能保持它有良好的心态。

饲养鹦鹉的爱好者,容易犯两个极端的错误。一是无意中让鹦鹉疏远了主人。曾有人在百鸟园买了只葵花鹦鹉,觉得好玩,对主人又十分亲热。他想更上一层楼,再买进一只进行雌雄配对,以便"左拥右抱"。谁知与他意愿相反,葵花鹦鹉有了同类相伴,对主人明显疏远了。于是来请教鸟王。

葵花鹦鹉有"人性"和"鸟性"两重性。当它离开了鸟群体,只与人接触时,就表现出"人性",与人亲昵;当它回到鸟群体,就表现出"鸟性"(或者叫野性)。如果同时与人及鸟群体或鸟伴侣相处,那么,"鸟性"就占了上风,"人性"就淡薄了。客人明白原因后,回去就把第二只鹦鹉送给人,果然鹦鹉又恢复了对主人的亲昵。

另一种错误是主人疏远鹦鹉。单独饲养葵花鹦鹉时,若主人长期离开它,或者因别的原因很少与它玩,它就会像孤独的小孩子那样,容易患上抑郁症,严重者还会自残。

鸟王曾遇到过这样一个实例:有一对夫妇养了一只葵花鹦鹉,鹦鹉很活泼,也很听话。因为夫妇俩要出国探亲两三个月,他们又不舍得把它卖掉或送人,只好寄养在一个亲戚那里。本来亲戚也喜欢宠物鸟，但他不懂得鹦鹉习性，离开了主人的葵花鹦鹉要接受陌生人，总要一个过程。他急于要和它亲热，结果被葵花咬了一口，流血了。于是那个亲戚就怕了它，从而对它疏远，只是每天喂食喂水。处于孤独的葵花鹦鹉只好大声叫，制造噪声表示抗议，换来的待遇是被放在杂物房。在主人家喂养时，一有空主人就替它解开扣链，让它在房里自由活动，玩玩具或与主人玩，可在陌生人的家里简直像在坐牢。

一个多月后，葵花鹦鹉患上了一种病，有时狂躁，大声叫，想咬断铁链挣脱；有时无精打采，郁闷，缩颈闭眼；有时把自己脚上的羽毛用爪、用嘴拔掉，胃口也差，一天一天地消瘦下去。这就急坏了鹦鹉主人的亲戚，担心葵花拔掉腿毛后继续拔身上的羽毛，冬天到了，将会冻伤的。它的主人说过这只葵花鹦鹉会讲话，会说"hello""你好""拜拜"，但亲戚从未听过它讲话。亲戚只好通过长途电话把葵花鹦鹉的情况告诉鹦鹉的主人。但他们的归期未到，怎么办呢？幸好鹦鹉的主人曾参观过百鸟园，想起那里的园主是一位教授鸟王，于是叫亲戚提葵花鹦鹉到百鸟园向鸟王求救。

鸟王接待了这个提着葵花鹦鹉来的客人，根据来客的陈述以及葵花鹦鹉的状态，确定葵花鹦鹉患了抑郁症。鸟王心里明白，在这样的处境，不患上抑郁症才怪。客人担心地问："教授，鹦鹉患上这种病，能治得好吗？"

鸟王："如果鹦鹉的主人回来了，可能慢慢会好起来的。"

客人："但是它的主人归期未到，最快也要一个月后才能回来，请求你把它留下，帮它治病，拜托了！"

鸟王知道来客不懂养鹦鹉，也没有好的环境养。看着那只葵花鹦鹉实在可怜，于心不忍，说道："鹦鹉的抑郁症我没治过，没有把握，但我这里的条件总比你家里好。那你就把它留下来，我尽我的能力替它治病，不论我能不能治好，起码会在我的百鸟园里饲养到它的主人回来。"

"那太好了，你要多少钱尽管提出！"来客如释重负，非常高兴。

"钱暂时不提，治不好我哪里敢要钱，我也在探索医治嘛！等它的主人回来再说吧。"就这样，鸟王把患抑郁症的葵花鹦鹉留了下来。

接下来怎样替葵花鹦鹉治病呢？因为知道了产生抑郁症的原因，鸟王就对症下"药"，这里的"药"是指环境。不能再让它孤独了，但也不能一下子过于热闹，即不能急于放养于群鸟区。于是鸟王先把它养在自己的房里，以便于观察，把红领鹦鹉"绿衣"也养在同一个房里，有个鸟伴。绿衣是较温顺的鸟，

放开养也不会攻击葵花鹦鹉的。

鸟王把葵花鹦鹉喜欢吃的东西都拿来，尤其是水果，它最喜欢吃。而且一有空就接近它，饥饿时喂食，吃饱后与它玩，还把绿衣带近它身边。待它对绿衣和鸟王都没有戒备后，不时地解开扣链让它自由活动。过了一段时间，两只不同种的鹦鹉可以沟通了，各自选择玩具玩，进而可以互相梳理羽毛，也接受鸟王的抚摸、抓痒，不再拔腿上的羽毛了，身体也长胖了些。但仍未听到它讲话，也逗不了它讲话，所以不能说抑郁症痊愈了。

就在葵花鹦鹉的病状有明显好转时，它的主人出国探亲回来了。某天，葵花鹦鹉的主人（两夫妇）连同那位带葵花鹦鹉来的亲戚一同来百鸟园找到鸟王，鸟王从房里把葵花鹦鹉提出来挂在树干上。

那夫妇俩一看见葵花鹦鹉，非常开心，像看到久别的孩子，立刻走到葵花鹦鹉跟前，一左一右，逗它玩，又逗它讲话。他俩是那样的专心致志，仿佛除了那葵花鹦鹉外，周围的一切都是透明的。那葵花鹦鹉的记性也很好，见到主人分外兴奋，在架上走来走去。

"Hello!" "Hello!" "你好!" "你好!" "Bye!" "Bye!" 主人说一句，葵花鹦鹉跟着说一句，跟得很紧，音调也很像。

既然在他俩眼中一切都是透明的，那亲戚只好把鸟王拉到一边细语："你不知道，他俩回来第一时间就是要来看葵花鹦鹉，因为电话里听我那么说，他俩实在担心。教授，你真行，葵花鹦鹉的抑郁症治好了，我和他们不知道怎样感谢你啊！"

"不用谢，爱护鸟是我的职责。这次治鸟病成功，我也感谢你们给了我一个学习治鸟抑郁症的机会。"鸟王答道。

葵花鹦鹉的主人兴高采烈地领回鹦鹉，并再三表示要答谢鸟王。鸟王告别客人后开始陷入沉思：为什么自己逗不了葵花鹦鹉讲话，而它的主人一来它就开金口？原来是自己逗鸟说话时的声调、语速、表情不同于它的主人，对于葵花鹦鹉来说仍是陌生的，在短时间内还未建立新的讲话的条件反射。

从上面所述的葵花鹦鹉的各种表现，可领会到有些方面它真像两三岁小孩，它表现出孩童的真性情，毫无做作。主人爱它，它也爱主人，而且爱得很有占有欲。要想养好一只葵花鹦鹉，要养得漂亮，养得开心，真是不容易啊！首先要有爱心，像爱护自己的孩子那样，此外，还要懂得它的习性，懂得它的心理。葵花鹦鹉的寿命很长，如果养得好，它可以忠实地陪伴主人几十年。

第十二章　鸟的野放与招鸟

鸟的野放与招鸟，似乎是对立的，其实目的都是维护生态平衡。野放并不是简单的"放飞"，招鸟也不是一蹴而就的。要实施好这两个课题，有点像系统工程，很值得探讨。

一、野　　放

野放——简单说就是野外放生，实施野放的主体不同，野放的目的也不同，野放的操作过程自然也不同。

民间自发的野放

有人看到野鸟被捕捉，困于鸟食店的笼里，眼看要被吃掉，出于爱心就把它们买下，自行带到野外或树木多的地方放生，以为这样一放，它们就可以回归大自然，平安无事了；还有前文说过的，信众们在寺院求神拜佛，打斋后把鸟雀放生。这两种放生的目的大致相同，操作也很简单，属于人们自发的野放。但这种野放有时缺乏理性，放生的人不懂得鸟的习性，这样放生的效果可能与他们的愿望有较大的差距。

鸟王接受过与上面描述的不同的放生，那是在他在深圳南岭村求水山公园经营百鸟园时。当时，不时有游客把大型的鸟拿来鸟园放生，鸟王与工作人员

都热情接待，这些放生鸟中有海鸥、大雁、孔雀等。据游客说，他们在餐馆里看到这些漂亮的珍稀的鸟被列到菜单中，于心不忍，就花重金买了下来，决定放它们一条生路。游客也懂得那些鸟不是当地的留鸟，一旦野放，很快又会被人捕捉，即使不被捕捉也很难生存下来，于是就送到百鸟园来放养，让游人欢赏。

百鸟园的野放

随着政府对环保的重视，对护鸟执法的严厉，加之人们观念的更新，重视、爱护生态环境，爱鸟风尚得到发扬光大。无论是笼养、架养或园中养鸟，都跟不上时代的要求，鸟类应该回归大自然。

鸟王时刻都没忘记筹办百鸟园的初心：爱鸟、护鸟、研究鸟，诱发人们爱鸟之心，培训鸟亲近人，希望用人为的方式，培养人与鸟和睦共处的新型人鸟关系。经历十多年来的摸索，百鸟园亦完成了它的使命，把大部分鸟雀放归大自然，希望它们能把对人类亲昵的感受带给同伴，传给后代。

百鸟园怎样实施野放呢？对一些长期笼养、架养（鹦鹉）的鸟，不能野放，因为它们长时间依赖于人给食，基本失去了野外求生的本领。还有在繁殖房的家鸟，也不能野放，只好送给那些爱鸟的朋友当宠物养，这一点令鸟王有些遗憾。

对于半开放式的鸟，晚上不再安排归笼也就等于野放了，只要把鸟区的铁网拆去，鸟就会飞出来。短时间内，放出的鸟不易觅到食物，就在鸟区及附近每天放置鸟食及饮用水，在池塘旁的水池内放些活的小鱼。经过一段时间观察发现，开放后"回家"觅食的鸟一天比一天少，放食一直放到看不到鸟再来觅食才作罢。由于野放的鸟大部分是当地的留鸟，即使不是留鸟，在这里长期生活，也适应了当地的环境和气候，估计在野外生存不成问题。

为了考察一下野放的鸟是否还对人亲近，鸟王和几个工作人员手中拿着鸟食在原百鸟园所在的公园内游荡，见到似乎是野放的鸟，就试着吹口哨呼唤。果然，鸟还敢飞近，有的还飞跳到鸟王手上吃食物。

政府行为的野放

近年来虽然政府立法不准捕捉、贩卖、食用野生鸟，但违法者仍不少，因此执法部门会不时收缴到不法分子的野鸟。收缴到的野鸟一般安置到野生动物救护站，经过适当处理后，到适当的地点野放。即不同地域的留鸟野放地点不同，这样的放生效果较好。

有一种野放是恢复濒危物种的野放，这样的野放是比较复杂的系统工程，像大熊猫、华南虎的野放，更是国家级的重点科研项目，这是题外话。关于鸟类恢复濒危物种的野放，笔者没有实施过，下面只凭多年养鸟、驯鸟的经验做一些探讨。

从有关资料获悉，世界上现有的鸟类有9000多种，国际鸟类保护委员会列出了1000多种濒危鸟类。我国鸟类有约1200种，大约也有十分之一被列为濒危鸟类。为了拯救濒危鸟类，政府有责任采取有效的措施，通过野放来拯救濒危鸟种。

这些要拯救的鸟种应该是属于国家保护的，有较大的价值。要实施野放必须懂得它们的习性，分析濒危的原因，一般原因有几个方面：一是人的捕捉（这是主要的）；二是天敌强大；三是环境破坏，包括人类的滥开发、污染、食物缺乏等。因此，要野放必须选好一个适合该鸟种生存的自然环境，或者人为造就一个那样的环境。

接下来就要引进鸟种，最好从外国引进。引进了鸟种，也不能做简单的"移民"式野放。因为气候、环境都是陌生的，鸟儿容易出现水土不服。比较好的办法是引进鸟种以后，就在当地进行人工繁殖，一来可以提供鸟的来源，二来繁殖出来的鸟又可适应当地环境，当繁殖出一定数量后就实施野放准备，野放前要有过渡过程，将种鸟从繁殖箱繁殖过渡到在较大的鸟区自行繁殖，即自行配对，自行营巢，自行孵化到育雏全过程。而且在鸟区内还要养一些别的鸟，让这种鸟学会与别的鸟混群相处。

这个过程完成后，就可以开始半野放。把鸟区的大门打开，让鸟儿自由出入，白天飞到大自然中活动和觅食，有的鸟如果初时找不到食物，或者吃不饱，随时可飞回鸟区，"家里"有吃的，又可避风雨和天敌，晚上鸟区的门还是要关上。

对放出的鸟要带上环志，要跟踪观察，看它们的活动情况，如何觅食，记录鸟儿"回家"频率。在繁殖季节记录营巢率，还要观察鸟儿是否仍对人亲近，是否能与别类的鸟混群活动。根据观察记录来完善野放的操作。

鸟本来是属于大自然的，估计经过一段时间就会适应大自然的环境，摆脱对人的依赖，回归大自然。这样，濒危的鸟种将得到拯救。

二、招　　鸟

留住留鸟

招鸟，是选定一个景点，然后设法把野鸟招引过来。这个景点鸟儿是否喜欢，不能只靠人来判断，最简单又可行的办法是细心观察这个景点有没有鸟雀在活动、繁衍，有多少数量和种类。当然数量是主要的，种类是次要的，只要有相当的数量就可定点。

只要有鸟儿聚群的地方，就说明那里环境好，有食物，有净水源，安全，无或少外来干扰。选好了招鸟点后，就要逐步完善这个景点，减少人为的干扰，要爱护环境，尤其是水源。必要时提供食物，最好是自然的动态食物，如种植鸟喜欢食其果实的果树，在附近水塘里放养鸟喜欢吃的鱼苗等。

创造好环境就能留住本来就在这里生活的鸟。留住留鸟可能比招鸟更有意义，因为留鸟已与该景点和谐共处，能不断繁衍后代，扩大种群。相反，如果留鸟生活环境遭到破坏，或者受到干扰，留鸟就会飞走。有三个景点已经吃了这种亏。

第一个是新会的小鸟天堂，小鸟天堂有个占地两公顷的鸟岛。曾有一段时间，那岛上的鹭鸟迁移了，当地的领导急了，找来鸟王等专家来考察原因。通过考察分析发现，环境没有破坏，而是受到干扰所致。一是人为的干扰，尤其是春节期间，有人在鸟岛附近卖爆竹，人们买到后往往就地点燃放；二是近来引入养鸽户，养了一批广场鸽，鸽子经常结群在鸟岛附近上空飞翔，干扰了鹭鸟的家园。

幸好鸟岛上的鹭鸟只迁到离鸟岛不远的竹树林。后来按照专家们的意见，禁止在鸟岛附近点放爆竹并撤去养鸽场。另外，进行逆向干扰，即从离鸟岛最远处的竹树开始，逐渐砍掉一部分，迫使鹭鸟向鸟岛回迁，果然见效。不过真是"送神容易请神难"，好不容易才令鹭鸟重归家园。

第二个实例是佛山市的顺德均安生态乐园，前面也提及那里也有一个鹭鸟岛。那个岛是禁止人上去的，但也有不法分子偷偷地上岛捕鸟。为安全起见，生态乐园领导就在鸟岛的外围水域打上一排桩，拉上铁网，以防止外来的小船靠岛，确保岛上鹭鸟安全。

岂料这边加固装修，那边的鹭鸟就开始迁移，工程完工之日，就是鹭鸟迁完之时。生态乐园的经营者也弄不清是什么原因，鸟王告诉他们，野鸟的习性最怕人为施工干扰，也不喜欢在它们的家园多了"装饰物"。那怎么办呢？要不要拆除？既然已施工完毕那就没必要拆除。对于这些新的人为设施，只要不再增加，经过一段时间，野鹭也会习惯，知道对它们是无威胁的，会逐渐回到岛上来的。果然，经过一个季节，大批鹭鸟又陆续回到岛上。这件事应引起注意，以后应避免干扰野鸟，因为不是每次都那么幸运，飞走了还会回来的。

第三个实例，就是前面提到的佛山市南海区的大湿地公园，筹建时由于大兴土木而惊走了岛上的鹭鸟，幸好经过一段时间，在自由鸟的影响下又逐步飞回。对于上面的三个实例，人们应引以为戒，凡是有较大数量的野鸟的景点，都要保护好，不要做过分的开发，只有因势利导地把景点完善，才能留住现有的野鸟（留鸟）。

用留住留鸟的形式招鸟，虽然有积极意义，但也有局限性。有时候开发了一个景点，或创建了一个湿地公园，时间不容许你慢慢等待野鸟来定居，那就只好设法招引野鸟来。

用什么办法呢？中学生多用一种天真的办法，就是做一批鸟箱，把鸟箱挂在树林里或湿地公园的树上，以为这样野鸟就会在箱内筑巢做窝并繁殖后代。

在树林里挂鸟箱招鸟，据说在北方有效果，但在南方，实践证明效果不大。分析其原因：其一，南方的大多数留鸟多筑明巢，即利用树杈筑巢。其二，喜欢筑暗巢的鸟，如八哥、麻雀等，对做巢的地点十分讲究安全，多在屋檐、大树洞、峭壁、高速桥底等处，这些地方人上不去，就算蛇鼠也难以到达。然而，在中学生轻易挂上鸟箱的地方，鸟儿会认为安全吗？实践证明，招鸟的效果差，倒是老鼠喜欢在箱里做窝。

那么，应从哪些方面来实施招鸟呢？

环境招鸟

鸟雀对环境是要求很高的，要有茂密的树木，有绿色的草地，要有鱼塘。只要类似这样的自然环境，无破坏，又无干扰，鸟儿就喜欢来定居。例如，广州的华南植物园，确实是个招鸟的好地方，鸟王曾在那里筹建并经营了百鸟园。植物园的鱼塘放养着多种鱼，为鹭鸟和食肉类的鸟提供了食物；园内种有很多果树，而且不喷洒农药，这为鸟类提供了丰富的植物性食物。鸟儿在园内受到保护，在那里的树木覆盖着几千亩地域，鸟雀的品种和数量多到难以统计。

鸟王在很多年以前有机会实地考察了一个以环境招鸟的反面例子。那年他回乡省亲，适逢候鸟禾花雀（实为雀科的黍鹀、朱鹀、黑头鹀、黄胸鹀等鸟，之所以叫禾花雀，是因为正当水稻开花时节它们就从西伯利亚方向迁徙到我国的南方，由此得名）迁徙到广东各地，有一伙外地人就在鸟王故乡处捕禾花鸟赚钱。由于当年政府仍未立法禁止捉野鸟，所以对这伙人的行为是无可奈何的。鸟王找他们聊天，他们也毫无顾忌，还兴致勃勃地对鸟王讲述如何捕捉禾花雀："首先经过长期考察摸熟禾花雀迁徙的路

黄胸鹀（来源：鸟类网）

线，摸清它们喜欢栖息的地方。定点之后，就向当地人承租一大片地（有的是荒地，也有少量是耕地）较长时间，用来种植橡草（橡草有点像芒杆与芦苇），禾花雀夜晚喜欢选橡草丛栖息过夜。"

鸟王顺着外地人所指看过去，橡草绿油油的，长得比人还高，分片种植。便问："这一片橡草种了多久？很茂密呀！"

鸟贩："橡草生长得很快，一年就可成丛，这片橡草才两年。"

鸟王："你们用什么办法引禾花雀来？"

鸟贩："不用专门引，它们会自行飞来的。因为在这样开阔的地段，就只有

这大片橡草才适合禾花雀栖息。一到黄昏，一批又一批的禾花雀从空中飞过，只要相中这片橡草，就会一大群飞落到橡草丛中。"

鸟王："禾花雀群着陆后，又怎样捕捉？"

鸟贩："等到夜深人静，鸟雀休息睡觉时，就静悄悄地用捕鸟网覆盖住橡草丛，分片盖好后就放爆竹，爆竹一响，鸟儿就往上飞，这样就全部被网粘住，极少漏网的。"

鸟王："一次起网大约有多少？这些禾花雀卖到哪里？"

鸟贩："一次起网上千只是常有的，几乎每晚都可捕到。捕到的鸟卖到餐馆里，送多少他们就买多少！一个候鸟迁徙季节下来，收入蛮可观的。"

由此可见，鸟贩们都懂得候鸟的迁徙规律，并创造环境招引它们。从这个反面的例子可得到启迪，要保护好候鸟，首先要知道它们迁徙的路线，然后保护好迁徙路线上的自然环境，包括湿地、红树林、橡草丛、芦苇荡等，为候鸟提供歇脚的驿站，让候鸟能顺利完成一年一度的迁徙。

广州市祈福新村曾实施过环境招鸟。祈福新村是一个拥有20多万业主的商品房新村，占地7500亩，享有"中国第一村"的美誉。当年，祈福集团的老板与秘书到广州华南植物园的百鸟园参观后，即邀请鸟王和鸟专家到祈福新村考察选点招鸟。村里有一大片荒地，荒地里半原始状态地生长着多种植物，有橡草、芦苇、芭蕉等，一片片的灌木丛、草丛，树木不太高，有的树爬满攀藤……一眼望去，杂乱无章，不成景点。这片荒地靠着一个大湖，不时看到有几种野鸟在活动，有毛鸡（褐翅鸦鹃）、水鸡、八哥、画眉、鹊鸲等，树上也有鸟窝。

鸟王和专家都认为这块荒地是十分难得的半湿地，这里藏兔伏鸟，蛇虫鼠蚁出没，是招鸟的好地方，建议老板不要开发这块荒地，保护起来，不让无关的人进入。在保持荒地的原始状态的前提下适当改良，种些鸟喜欢的果树，禾本科植物、蔬菜等。灭鼠驱蛇后，分批野放当地的留鸟，还可引进一些名贵的鸟，如雉鸡、白鹇、天鹅等在这里落户繁衍。

祈福新村的老板欣然接受了我们的建议，并着手实施，在实施过程中，鸟王和专家不定期去咨询指导。两三年后招鸟初见成效，荒地里的鸟无论是品种还是数量都在不断地增加，鸟儿的飞翔、鸣唱令荒地充满生机，有不少鸟还到离荒地较远的村落筑巢繁衍；荒地里的隐蔽处可看到白鹇、黑天鹅在抱窝孵蛋；树上的鸟巢远处可见，鸟儿给这个魅力新村锦上添花。

食物招鸟

简单的做法是在招鸟雀的地方放置鸟食，例如，撒上些稻谷，就会引来一群麻雀。但这样招鸟是临时性的，效果不大，要想达到长期性而且稳定的效果，最好用天然的食物。

用天然的食物招鸟必须在环境招鸟的基础上增加设施，设施分水陆两方面。在水上，如果有条件，可造一个人工湿地；若是条件有限，简易地挖个鱼塘也可以。鱼塘的一边要做成微倾斜，即有浅水的地段，在鱼塘里放养水鸟喜欢吃的鱼苗，让禽鸟可下水捕鱼为食。

在陆地上种果树，有些树结的果不一定是人吃的，例如各种榕树（大叶榕、细叶榕、高山榕等）的果，很多鸟都喜欢吃。在百鸟园的附近，常来吃榕树果的鸟有绣眼、树莺、梅山雀、画眉、乌鸫等。又如芒果、蒲桃、莲雾、海南蒲桃等作为绿化的果树，也很受人们和鸟的喜爱。更有价值的还有番石榴、杨桃、荔枝等，小文山在二叔的果园里曾见过很多鸟都喜欢啄番石榴吃，常见到的有喜鹊、红耳鹎、白头鹎、绣眼等。另外，可以在周边散种、野种一些禾本科的植物，如水稻、稗、粟、高粱等，为水鸡、雉鸡及雀科鸟提供食物。

通过种植和营造湿地来提供天然的食物，同时又能改善招鸟的环境，真是一举两得。

以鸟招鸟

在选好了或营造好了一个招鸟的环境后，为了能快些把野鸟招来，可采用以鸟招鸟的办法。大多数鸟是群体性的，出于生存和繁衍后代的需要，鸟类常常同类集群活动，有时也会和不同类混群活动。这一点候鸟更明显，迁徙时都是成群结队的。

鸟雀都是通过鸣叫来传递信息的，所以在鸟园的周围，野鸟特别多。鸟王在南海桂城的蟠岗公园做过统计，建百鸟园之前，在该公园常来活动的鸟雀约有30种，建了百鸟园之后，常来活动的鸟雀有40多种。由于百鸟园每天都在鸟区外投放鸟食，所以有些野鸟常与百鸟园放出的自由鸟混群来觅食。此外，在南海大湿地公园的野鹭鸟，在开发公园时虽然已飞离鸟岛，但当鸟岛放养大批鹭鸟时，野鹭鸟不但重归鸟岛，而且还在鸟岛筑巢繁衍。由此可见，以鸟招引野鸟是有效的。

具体实施时，可在招鸟的景点建一个临时性的鸟区，把鸟类拯救站收容的野鸟以及从不法分子处没收来的野鸟放养在鸟区里，根据鸟的康复情况分批野放。一边收一边放，鸟区基本上保持有鸟，这些鸟的鸣叫对野鸟起呼唤作用，放出来的鸟也会在附近活动，都会招引野鸟。

音响招鸟

音响招鸟是借助于高科技，用精密的录音设备把多种鸟的欢叫声、求偶声、觅食时的争食声录下来，然后在招鸟的景点播放。当然，在播放点周围还要放置鸟食，野鸟听到同类的欢叫声自然会飞来，来了又有东西吃，又可混群嬉戏，这样，经过一段时间后，鸟儿就会留恋这个景点了。

光凭声响也能招引鸟来吗？下面有三个实例可以说明。

鸟王记得在童年时，曾相约三四个同龄人上山采摘山稔吃，采着、吃着高兴时，忽然听到不远处有野鸟的叫声，但由于山稔和杂草太茂密，根本看不到鸟在何处。那种叫声对山里的孩子来说并不陌生，也很容易学，出于无聊和好奇，小文山就学着那鸟的叫声，有的小孩也跟着学鸟叫。由于小孩子的声调与鸟声接近，当时孩子们也不是乱叫一通，而是有节奏地叫，没想到那野鸟不但没停叫，反而越叫声音越响，似乎在向小孩子们靠近。

这时孩子们都蹲下保持安静，只让叫声学得最像的人叫，他们等待奇迹的出现。野鸟叫着，孩子学着、跟着叫。过了一会儿，只见近旁的草丛晃动了一下，随即跳出一只漂亮的雄性山鸡。孩子们先是一惊，接着不约而同地扑向山鸡，恰似饿虎擒羊。那公山鸡可能以为是雌山鸡回应它的求偶，过来才发现受骗了，差点被擒，于是惊叫一声扑翅飞走。

还有一回鸟王到鸟市场买画眉鸟，当然是要买雄鸟，但是画眉鸟雌雄同色，从外表不易判别，只有听其鸣叫才可定雌雄。如果没有诱因，雄鸟往往"沉默是金"，买主哪有耐心等待？只见卖鸟的店主把一个金属的小玩意儿（功能相当于微型的哨子）放入口中，一吹气就发出"哗哗"的响声，这种响声十分像画

眉鸟雌鸟求偶的声音。经这声音一挑动,挂着的几只画眉雄鸟立刻鸣唱起来,雄鸟鸣叫婉转动听,音韵多变,店主很自信地把手一扬:"上面挂着的一排,都是雄鸟,任你挑选。"

鸟王想砍价,也出于好奇,问店主:"你这批雄鸟是贩来的,还是捕捉来的?"(若是自行捕捉的,那是第一手鸟,价钱较便宜,质量又好。)

"是我亲自捕捉的,没有经过长途运输,绝对好货。"店主自信地答道。

"你用什么办法捕捉?"为了证实,鸟王再次查问。因为捕捉的方法不同,捉到的雄鸟质量也会不同。如果是拉网捕捉,捉到的雄鸟未必成熟;如果用雌鸟诱捕,那肯定是成熟的雄鸟,而且"有火"(处在发情期)。

这个常识,店主当然晓得,所以他多采用诱捕的方法。"我是用雌鸟诱捕的,选好一个地点后把雌鸟放在明显的地方,在周围布下活套阵。我就隐蔽在雌鸟的近旁,吹响小口哨,吹得"哔哔"响,雌鸟也跟着叫,两种叫声几乎是一样的。如果发情的雄鸟听到,肯定会飞来求偶,只要飞来就一定会落入活套阵,手到擒来。每次出猎,均有收获,而且捕到的雄鸟都很健壮。"店主兴致勃勃地介绍他捕鸟的本事。

麻雀

报刊也报道过这样一个真实的故事:有一位老伯,在离他家不远处有几棵大树,这几棵树慢慢地就成为麻雀的集聚点。有空时他就到大树下欣赏麻雀嬉戏,享受其中的乐趣。可是到了冬天,天寒地冻,雀儿们的欢叫声就很难听到了。老伯担心鸟儿觅不到食物,会冻死饿死,于是他就经常花钱去买稻谷、粟、鸡饲料等,给麻雀投食。每次投食时他都吹哨子为信号,智商较高的麻雀很快就形成条件反射,只要见到老伯来且听到哨声,就集群来觅食。有一次老伯有事要外出一段时间,他放不下鸟儿们,怎么办呢?

老伯交了1000元给一个爱鸟的小伙子，请小伙子用这些钱帮买麻雀的食物，每天给这里的麻雀投食，投食时吹哨为信号。小伙子对老伯爱鸟的美德肃然起敬，但也忍不住发问："老伯！你为什么对这些麻雀情有独钟？"

老伯："年轻人，你不知道，在二十世纪五十年代末'大跃进'时期。为了消灭麻雀，大家一起动手打麻雀，几乎把麻雀赶尽杀绝。"

年轻人："有这样的事吗？为什么要消灭麻雀？"

老伯："当年传媒认为麻雀每年吃掉很多粮食，后来经过科学的考察，证实麻雀既吃粮食，也吃害虫。总的来说，麻雀对人类利多害少。虽然已事过境迁，但我只要见到麻雀，心里总有点内疚。现在我对它们有爱心，也是一种补偿吧！有时候在大树下，听到群雀'叽叽喳喳'的欢叫声，心里也有所宽慰。"

以上三个实例表明，用简单的方法制造音响，都能够引诱野鸟来，如果我们借助于高科技制造音响，将有助于招鸟工程的完善。

在湿地公园或星级的旅游景点招鸟，是一项复杂的系统工程，如果不是政府行为，是难以实施的。这样说来，对于个体的爱鸟人士，要招鸟岂不是只能望鸟兴叹？现实并非如此，只要你有爱鸟之心，并付诸行动，避繁就简，随处都可以招鸟。请看下一章，就是记述一个家庭主妇与野鸟交朋友的真实故事。

第十三章　与野鸟交朋友

鸟本来就是人的朋友,由于时代的变迁,令鸟视人为天敌。怎样才能消除鸟对人的偏见?黄姐做到了。

说起黄姐(黄泽伟),18年来她的工作和生活,都是与鸟为伴,以鸟为友。从1991年开始主要在广州和珠江三角洲等地,依次筹建并经营了15个百鸟园。人们称她为"鸟后"。鸟王是董事长,鸟后是总经理。

鸟后与白孔雀(鸟王摄)

她驯养过一百多个品种，一万多个只鸟雀，称她为"鸟后"，的确名副其实。鸟儿不但能成为她的朋友，而且愿意当她的"子民"。鸟后的"子民们"像孟尝君门下的几千个食客那样，各有所长，有的还身怀绝技：能和游客用人的语言对话的有海南鹩哥；鸟中的歌手有相思鸟、乌鸫、白燕、鹊鸲、画眉鸟等；鹊鸲、画眉鸟不但能唱，而且能打斗，鸟类最出彩的打斗者算是"重量级"的斗鸡了；此外，还有同人共舞的鹭鸟、杂技演员鹦鹉、捕猎能手老鹰等。

　　在百鸟园中，水上活动的有成双成对的鸳鸯，有浪里"白条"鸬鹚，有令癞蛤蟆垂涎三尺的天鹅；草地上，孔雀开屏令人眼花缭乱，鸵鸟一步五六米，来回走动，似乎在测量鸟区的面积；大多数鸟在空中飞翔，不用说，最吸引人们眼球的是山凤凰，大声鸣叫，拖着半米长的彩尾巴，穿梭于树丛之间。

　　在水中、空中，在草地上、枝头间，鸟雀的活动和鸣唱就呈现出一幅动态的立体美景，可以说是大自然中一种美的缩影。这样，鸟后不需要经过刻意的委任，自然而然就成为鸟园中鸟雀的海陆空"总司令"。在"总司令"的统领下，"鸟三军"们不但能和谐共处，而且能和进入鸟园的游人交朋友共乐。有的"兵种"还在"总司令"的呵护下繁衍生息，在鸟园里安家乐业。

　　当年，在鸟的心目中人类是天敌，人们迫使鸟雀逐渐离开了城市，这样就慢慢疏远了人们。黄姐经营的百鸟园，在局部的范围内保护了鸟雀，提供了不同鸟种的鸟雀和谐共处、繁衍后代的环境，也提供了人们认识、观赏、爱护鸟的平台。

　　随着社会的进步，人们爱护生态环境的理念在提升，爱护鸟类的美德在发扬。鸟园应该与大自然接轨，于是鸟后像敞开胸怀那样将百鸟园的天窗逐个打开，让成千上万的鸟雀回归大自然。百鸟园的鸟雀消除了对人们的偏见，飞向辽阔的天空，飞往树林、田野。黄姐也完成了养鸟、驯鸟的历史使命，年纪大了退休归家。

　　不用上班，整天闷在家里觉得空虚，为了充实自己，黄姐欣然报名做义工，被分配到西关小屋，负责给来去匆匆的过客做咨询，便民的同时宣传广州文明风尚。有时也会慰问外来工的留守儿童，情系鸟雀的黄姐便利用游戏的形式把各种鸟的照片奖励给孩子们，借此让孩子们认识鸟、爱护鸟。

　　人们说"每逢佳节倍思亲"，黄姐却"每逢假日常想鸟"。"无可奈何花落去，似曾相识燕归来。"为了寻觅她的"似曾相识"，她经常利用假日去观鸟，

去番禺的湿地公园,去曾经建过百鸟园的华南植物园、顺德均安的生态园、新会的小鸟天堂等。为了和鸟亲密接触,她还常到朋友在番禺开办的欢乐鸟场与鸟共乐。

虽然这样的观鸟玩鸟能补偿一些失落,但黄姐心里总有一种说不出来的遗憾——就是想养鸟。如果用笼养,让鸟失去自由,那是一种倒退,绝不能做。

也许是她的爱鸟情结和对鸟的付出感动了上天,机会终究来了。这个机遇的来龙去脉,要从2012年的春节讲起。

广州人的春节习俗,是家家户户在厅内、阳台等摆设各种鲜花和年桔。年桔意寓带来吉祥,每种花都有相应的"花语",例如,桃花寓意鸿运将至。

黄姐家的天台有40平方米,种有兰花、夜来香、菊花、玫瑰等,此外还种一些较大的盆果,如柠檬、石榴、桑树、葡萄等。她希望这些盆果快点长大,开花结果,这样就容易引诱野鸟来做客。春节时她还买来了大盆的年桔、大株带根的桃花,天台的花果显得充实,绿叶衬托着各种鲜花,芳香扑鼻,引来蜂蝶采蜜,年桔金灿灿的更是醒目。万事俱备,只等鸟来。

在某一天的清晨,黄姐在朦胧中被一种熟悉的声音吵醒。"叽喳!叽喳……"是鸟的叫声!再听,对了!应该是一种鸦科鸟在叫!黄姐想到这,就立刻起床跑到天台去观察,岂料小鸟早已去无影踪。经过一番检查,发现有一个桔子被啄去了大半,喜出望外的黄姐几乎整天在观察、在静听,希望目睹鸟儿再次光临。

经过一天的"守株待兔",仍无所获。她知道凡是野鸟,警惕性都很高,往往在人们还未起床时就偷吃完溜走。次日,黄姐天亮前就伏在窗前,透过开着小缝的窗帘来观察。果然,工夫不负有心人,天刚蒙蒙亮,两只小鸟不请而至,飞到盆桔树上,先找桔树上的青虫吃,然后一边啄桔子,一边鸣叫,似乎在说:"好吃呀!抓紧时间,吃饱就飞走!"

这回黄姐看清楚了,是两只白头鹎,一只的头几乎全白(公鸟);另一只的头是半白(母鸟)。在偷食的整个过程中,公鸟总是东张西望。它们一停嘴就尖叫两声飞走了。看到来做客的是两只白头鹎,黄姐喜出望外。白头鹎是吉祥鸟,寓意夫妻白头偕老,有些古代的器物,也有白头鹎的纹饰。

既然是白头鹎,黄姐就心中有数了。第三天她特地准备了多种鸟食:黄粉虫、熟鸡蛋、苹果、油炸年宵、饼干等,用一个托盘摆设在天台上。由于食物丰富，鸟儿一天就不只来一次，有时来两次、三次，不过总是等人静的时候来。经过几天的喂食，她就摸透了鸟的嗜好。黄粉虫容易死，死了的虫不吃，大概是野外求生的经验让它们懂得虫可能是农药中毒而死，不能吃；切开的苹果不新鲜，不如吃桔子；年宵油腻，少吃；最受欢迎的是饼干，其次是鸡蛋，饼干可口，野外是没有的。

在寒风冷雨的日子，鸟儿在野外难以觅到食物，就频繁来觅食。有时中午看到食盘没有食物，黄姐就去加料，边加料边吹口哨发出信号。真灵！

白头鹎（张九能摄）

人刚走，鸟就飞来了。其实鸟就栖在离天台不太远的高树上，看着黄姐加鸟食。有时黄姐正在天台整理花木，鸟儿也飞来啄食，并不戒备。看到鸟儿灵活地翻动花木捉虫为食，黄姐心中暗喜。

聪明的白头鹎能够从你的举止、你的面部表情、你的眼神里判别你是"朋友"还是"天敌"，能够近距离当着人的面前啄食而不再是偷食，说明鸟儿已认可黄姐是朋友了。

昔日，在百鸟园只要鸟后一个信号，就一呼百应，"百鸟朝后"；当下，毫无名气的两只白头鹎也不买鸟后的账。黄姐心里也明白，百鸟园中的鸟是她从小饲养长大，并经过培训成熟的，而这两只白头鹎是从未近距离接触过人的野鸟，对人并不戒备，能认人做"朋友"，已心满意足了。黄姐迫不及待地把成功的喜悦与鸟王分享，并记录在日记本上。

从此，作为家庭主妇的黄姐，除了去做义工外，还多了一项工作，就是喂野鸟，每天出门之前把鸟食备好，回来时又补充。也许是天台的花木美，也许是有食物，来做客的鸟多了，偶尔也有麻雀、乌鸫、绣眼、林莺、红耳鹎等鸟飞来，黄姐一概热情欢迎。但也有一个不速之客，令黄姐伤透脑筋，那就是一只讨厌的老鼠。

经营百鸟园时,黄姐也经常与老鼠打交道,于是想出两种办法:一个是下药毒杀,另一个是做一个防鼠板(取一块半径20厘米以上的圆板,中心开一个小洞,然后垂直套在一个有底座可移动的小木柱上,圆板离地一米以上与柱子垂直)。

鸟食就置于圆板上,鸟儿可以自由自在地享用,而老鼠却无法爬上圆板,只能望物兴叹。可是,自从老鼠出现后,白头鹎来的次数少了,有两天竟然失踪了。是什么原因呢?她把这事告诉了鸟王,并一起分析原因。

害怕老鼠?不可能。因为已装了防鼠板,况且很快已把老鼠毒杀了。

不喜欢天台这个地方?不可能。因为它们有时候吃饱食物还不急于飞走,在天台花丛中玩,捉小虫,采花蜜,有时晚上也在小树上栖息。

被暴风雨卷走了(恰巧那天有风雨)?不可能。这两只白头鹎是老鸟,而且在城市中,避风雨的地方有的是。

被天敌伤害?也不可能。小鸟的天敌在野外主要是鹰和蛇,但在城市里很难见到。

在排除了多种可能性以后,剩下的可能就是它们忙于做窝,没空来,这是最佳的推测结果。因为春天到了,春天是鸟雀筑巢做窝、孵蛋育雏的好季节。

果然,第三天,一只公鸟来吃食物,几天下来还是只见公鸟,不见母鸟。母鸟死了吗?根据上面前四种分析,不可能,母鸟应该活着。会不会移情别恋?也不可能,因为这种鸟是一夫一妻制的,而且对爱情很忠诚。

如果筑巢的推测是对的,那么母鸟应该在抱窝生蛋、孵蛋。黄姐通过观察公鸟发现,公鸟自个儿吃饱后还叼走一大块食物,估计是带给母鸟吃的,但仍无法证实。

黄姐推算着,母鸟产蛋约需要5天,孵化约半个月,估计20天以后母鸟会离窝到天台觅食。果然不出所料,母鸟如期来做客。母鸟来,公鸟就不来,公鸟来也是单独的。又过一周左右,两只鸟一起来了。黄姐在百鸟园也搞过小鸟繁殖,知道幼鸟孵出以后的几天,公鸟、母鸟要轮流呵护着幼鸟,待幼鸟稍大一点才两只一起出去寻找食物喂雏。怪不得这段时间它们来吃食物十分频繁,有时两只来,有时一只来。黄姐通过耐心和细心的观察发现,这两只鸟每次飞走时都叼一块鸡蛋或几条黄粉虫走,有时自己根本就不吃,叼了食物就走。由此可肯定,公鸟、母鸟在叼食物喂雏鸟。

凭以往的经验，小鸟从孵出到能飞出窝的时间至少要一个月。在一个多月的漫长等待中，黄姐经常想象：亲鸟在抱窝孵蛋；小鸟破壳而出，毛茸茸的还未睁开眼；小鸟长出了针状毛翅膀，眼睛睁开了，不时地伸长脖子张开小嘴，等待亲鸟喂食；小鸟边吃边拉屎，本能地把屁股翘到窝边，以免粪便落在窝里；小鸟终于羽毛长满，跟着母鸟飞出窝……

想象也是一种乐趣，想象给喂鸟增加了活力。黄姐相信自己的推测，相信总有一天亲鸟会带着小鸟来玩的。就这样，她很认真、很准时地喂野鸟。鸟儿每次来都鸣叫着，白头鹎的鸣叫虽比不上画眉鸟、白燕那样优美动听，但也给黄姐及邻居们带来欢乐，为天台的绿化锦上添花，真是名副其实的"鸟语花香"啊！

"黄姐，你养的鸟飞走以后又回来啦？叫什么鸟？"

"黄姐，你的鸟鸣叫真好听，你用什么喂它们的呀？"

"黄姐，你为什么不用笼养鸟？不怕它们又飞走吗？"

邻居们好奇地提出各种疑问，黄姐都耐心地一一回答。当他（她）们知道真相后，无不羡慕和敬佩，有的邻居还不时地从窗口抛来喂鸟的饼干。

日复一日，周而复始，鸟儿令黄姐开心，也不觉得时光在流逝，但天台的花木明显地留下了岁月的痕迹。夜来香开了又谢，谢了又开；本来含苞欲放的紫花杜鹃，现已一片紫红；柠檬、石榴花谢了，正在结果；桃树上的小果由黄豆般长到花生仁那么大；桑树、葡萄又长高了一大截……

鲜花在怒放，微风吹过送来阵阵清香，盆栽的果树、藤蔓在微风中轻轻摇曳，仿佛在向鸟儿招手。圆板上放置着各种饼干、水果、鸟饲料和鸡蛋黄，像是为鸟儿一家设下的盛宴，黄姐也在盼望着鸟儿一家过来。

清明节刚过去，五一劳动节又来临，不知不觉间又过了一个多月。就在五一劳动节后的一个明朗的早晨，黄姐在圆板上放置了鸟食，接着在天台晒衣服。突然在耳边响起了"叽叽喳喳"的鸟叫声，两只鸟擦肩飞来，直奔放置鸟食的圆板，另一只鸟（公鸟）跟着飞来，竟站在黄姐晒衣服的竹竿上引吭高鸣，似乎告诉黄姐："我带老婆孩子来做客啦！"

母鸟带着的鸟确实是幼鸟，头上的羽毛还未白呢，母鸟不时地喂它。幼鸟的出现，让黄姐心花怒放，也证实了她和鸟王的推理和猜测是正确的。但高兴

的同时黄姐又有点纳闷，在正常情况下，白头鹎一窝仔有 2~4 只，怎么只有一只来觅食呢？又不要求它们计划生育，一窝仔若接受大自然淘汰后只养活了一只，那实在太残酷了。不过黄姐又想，这样的概率应该不大。

纳闷了两天，岂料第三天有了转机。那天天气晴朗，黄姐正在吃早餐，忽然听到阳台出现了比平时更为热闹的鸟叫声，而且还有幼鸟"咪咪"的叫声。黄姐立刻到窗户去看，果然有四只鸟，其中两只是幼鸟，一只大一点，会自行啄食，估计就是三天前来的那只，另外一只还不会啄食，总是轻轻扇动着小翅膀，张开小嘴向爸爸妈妈要食，亲鸟飞到哪里它就跟到哪里，好玩极了。

对此，黄姐猜想：小鸟产蛋、孵蛋同时进行，有时一天产一个，有时两三天产一个。也就是说，第一个蛋可能比最后一个蛋早孵了几天，出窝自然也会早几天，加上第一只发育也较好，说明幼鸟之间有差异。其次是母鸟育雏也很有经验的，较小的幼鸟一般体弱，在羽毛还未十分丰满的时候，应少带它出去，即使出去也要寸步不离地呵护着。当幼鸟长大成熟后，亲鸟就不再理会，让它飞向大自然独立谋生。群居的鸟则例外。

从此，白头鹎一家四口常来黄姐的阳台做客，有时两只老鸟来，有时两只幼鸟来。它们留恋天台的花草果木，喜欢吃圆板上放着的鸟食，来的次数已数不清。黄姐的天台给鸟儿提供了一个吃的、玩的乐园，鸟儿给黄姐及邻居们带来了欢乐，带来了鸟语花香的美景。

月有阴晴圆缺，人有悲欢离合。没想到人与鸟之间也有悲欢离合……春去秋来，时光平静地流逝，正当黄姐的人鸟情和谐欢快之时，意外的悲伤别离竟发生了。

在一个晴朗的早晨，窗外传来的鸟叫声打破了黎明的寂静。啊！是白头鹎的叫声。平常的鸟叫声是两只鸟一唱一和的，今天就只听到一只鸟的叫声，而且叫声中有悲鸣的啼叫。这种啼叫令黄姐心里忐忑不安，于是立刻起身披衣出阳台看个究竟。

走出阳台，凭鸟声定位很快看到一只白头鹎正伏在盆桔上哀鸣。那是一只公鸟，那母鸟呢？在哪里？只见盆中躺着一具鸟尸，正是母鸟。黄姐一阵心酸，眼泪不禁夺眶而出，揣起鸟尸细看之，鸟眼睛和嘴都紧闭，肚子是空的，身上没有伤痕，由此可判断是自然死亡。

她沉思：鸟是一种生灵，既然有生命，那就有生命终结的一刻。白头鹎这种小鸟的寿命只有几年，母鸟要"生儿育女"，比公鸟劳累，所以容易早死。可为什么偏要让人看到最不愿意看到的场景呢？也许是白头鹎对阳台花木有所留恋，这里毕竟曾是它们的"家"；也许是白头鹎想在最后时刻向它的朋友——黄姐告别。无论这些猜想对否，都将留给黄姐难忘的人鸟情。

第十四章 传媒眼中的教授鸟王

一、《南方日报》：鸟王

他用心理学的知识研究鸟、训练鸟，让鸟学说人话，学会无所畏惧地与人相处；他大规模地养鸟，不断实践他的人鸟理想：希望用人为的方式，培养人与鸟和睦共处的新型人鸟关系。

"鸟王" 原是副教授

有这么一位精神矍铄的六旬老人，经常往返于广州华南植物园百鸟园、新会小鸟天堂百鸟园、东莞绿色世界百鸟园、顺德生态乐园百鸟园，他就是苏曾燧——这些鸟园的主人。

苏曾燧的每个鸟园里都有100多种鸟，数量达到几千只。从鸟的孵育、喂养到给鸟治病、训练鸟讲话，苏曾燧都亲力亲为，因此称他为"鸟王"一点都不夸张。可你又是否知道，这位"鸟王"还是个地道的副教授，曾在华南理工大学、广州大学教授物理学、心理学，他写的论文、专著还真不少。

大学教授是怎样成为"鸟王"的呢？

"说起我的养鸟史，得从小时候讲起。"苏教授娓娓道来。

上课铃响了，一队老师进来突击检查卫生。当走到一个学生的课桌前的时候，突然几声鸟叫传来。怎么会有鸟叫？老师一查，从课桌的书包中发现一个纸盒，里面竟是一窝张着小嘴，嗷嗷待哺的幼鸟。老师看了看，没作声，把小鸟又放下了，而几米开外的小鸟的主人已吓得不敢吱声。这人就是少年苏曾燧，当年他才十几岁。

苏曾燧从小深受父亲的影响，爱玩鸟。他回忆说："那时候的自然环境，周围树林茂盛，到处都是鸟叫声。我经常溜进山谷，爬到树上，在鸟窝掏幼鸟，把小鸟捧回家养。"苏教授怀念着过去的时光。"幼鸟要经常喂食，放学回家再喂，鸟就要饿死了，因此上学也带着小鸟。"

重新开始养鸟，是在大学任教之后期，尽管一度身兼广州大学工会主席、总公司经理、教研室主任、广州市人大代表等各项社会工作，可是精力充沛的他还是养了20多笼鸟，家里专门腾出一间房子作鸟室。他开始研究养鸟的各项技术，包括孵化、给鸟治病等。20世纪90年代初，苏教授患上了白内障，眼不行了，搞研究看书有困难，他干脆把全部心思放到了养鸟上。在家人的支持下，华南植物园百鸟园于1995年开张了。其后，苏曾燧又把他的鸟的王国扩展到了新会、东莞、顺德，而且鸟园一个比一个大。

每办一个鸟园，需要十几万元成本，每办一个鸟园，苏教授在美国的儿子就汇一笔钱来支持他。所以苏教授从事鸟的事业没有受资金的困扰。

在苏教授的鸟园里，当那一窝窝光着皮肤、还没睁眼的幼鸟刚孵出来，照顾它们的不是亲鸟（即母鸟），而是苏教授和他的员工们，"我们成了'亲鸟'。"苏教授从这些小生命一来到世界开始，就与它们结下了不解的恩情。

鸟按成长规律可分为"早成鸟"和"晚成鸟"。有些鸟一出生就可以自己吃东西，叫"早成鸟"，比如鸡；有些鸟刚出生不会自己吃东西，必须由亲鸟或人喂到它嘴里才会吃，叫"晚成鸟"，有的"晚成鸟"往往要喂一两个月才会自己吃。苏教授和他的工作人员喂刚出生的小鸟，就像喂一个新生的婴儿，把奶粉加米粉调成糊，喂到它们张开的小嘴里，每隔2个小时喂一次。每天早上六七点钟起来的第一件事就是喂鸟，每天晚上临睡前的最后一件事也是喂鸟。等到幼鸟稍微长大一点，就可以喂面包虫了。

就像当一位称职的母亲不容易，当一个称职的"亲鸟"也是很难的。为了照顾好刚出生的幼鸟，苏教授夏天给小鸟挂蚊帐，冬天就用电灯保温。为了给鸟儿搞好清洁，还得给鸟儿洗澡，防止它们身上的病菌太多；要成天和难闻的鸟的排泄物、鸟脱落的羽毛打交道，脏和臭自不待言……

还有一些事，是亲鸟所干不了的，例如，当个外科医生。鸟儿有些伤病是避免不了的，苏教授便向身为医生的太太学习技术，当起了"鸟医"。鸟儿骨折了，给它上夹板；鸟儿生肿瘤了给它割掉肿瘤再消炎；鸟儿严重消化不良，要把它的胃切开、洗胃、再缝合切口……有一只海南鹩哥，患了眼病，教授试了好多种眼药水，才把它眼治好。别以为小鸟不懂得知恩图报，凡经苏教授治疗

过的小鸟，病好后都对苏教授显得特别亲热。

鸟儿也难逃生老病死关，当心爱的鸟飞走了、死了，教授就唉声叹气。"原来有只大麻鹰，虽然看上去凶悍威武，但却很乖，从不啄人。不料它逃了出去，被拴在它脚上的铁链困在大树上，活活给饿死了。如果不是那铁链，它会回来的……还有只很棒的松鸦，它会大老远呼啸着直飞过吃东西，可惜病死了。"

苏教授对鸟儿的尽心尽力，换来了鸟儿对他亲人般的爱戴。有一只海南鹩哥，每次一见到他就大叫"老苏、老苏""苏教授、苏教授"。在群鸟中霸道的山凤凰，在他面前像只小猫一样温顺，老过来蹭他的鞋。在华南植物园百鸟园采访时，我们看到一只小猫头鹰，一等苏教授走近，便低下头要苏教授帮它抓痒。

在苏教授办的鸟园里，鸟群都不怕人，洁白无瑕的白文鸟会飞到你手掌上来，左顾右盼的神态像个得宠的宝贝；拿着鸟食盒在大鸟笼里面一站，马上就会有鸟儿飞来站到你的手上，啄个不停。从小到大生活在人的爱护下，鸟儿已把人当成最可信赖的朋友了。

鸟儿打架，苦了爱鸟人

鸟王一手训练出来的鸟儿们一点也不简单。

尽管鸟儿给人的总体印象是平和温顺，可是鸟儿之间打起架来也是很厉害的。

苏教授说，春天是鸟儿打架的旺季，也许是春天的蓬勃生机让鸟儿们也蠢蠢欲动，总想找机会出出风头或发泄一通。鸟儿打架有时候是为了争风吃醋；有时候是为了争地盘，捍卫尊严；有时候是为了争夺食物……它们都会大打出手，群殴或者单挑，在本族中或者与异族之间战斗。打架的多数是雄鸟，雌鸟则在一旁观战，当拉拉队员。由于鸟界中没有法律，胜者为王，打死鸟也不用判刑，只是苦了爱鸟的人，手心手背都是肉。一时调解不灵，就有鸟儿在斗殴中丧生。为了减低伤亡率，苏教授只好把鸟分成大鸟区、小鸟区，让鸟儿们打起架来旗鼓相当，避免大鸟把小鸟吃了的情况出现。

鸟王手下最善战的是山凤凰、喜鹊等几种鸟，这些鸟不但单兵作战能力强，团队精神也很强，往往一拥而上，很有一番势力。山凤凰仗着个头比较大，爱欺负别的鸟，堪称一霸。

有压迫就有反抗。鸟儿也知道"君子报仇,十年不晚","蓝宝石"(紫啸鸫)就是这样。它小时候由于个子比较小,老是受到山凤凰的欺负。当它长大了,羽翼丰满了,它复仇的眼睛就盯紧了山凤凰。几次战役下来,竟然打死了三只山凤凰。教授抢救不及,叫苦不迭,看着得意扬扬的小蓝鸟,只好摇摇头苦笑。

在采访中,我们还看见一只胖鸭子似的"大花脸"(黑领噪鹛),走路摇摇摆摆。教授叫它来吃东西,可它还挺害羞的,不肯上来,在我们走的时候,却老跟在我们的脚后跟,像在查看什么。"你可别小看它,"教授说,"它自愿充当鸟园的保安,每当有人要进鸟园捉鸟,甚至我捉鸟出来治疗,都会被它飞到头上啄个不停。"

教鹩哥说英语

除了武将,还有文臣。教授专门培训了一批高水平的"文化鸟"。排在最高层次的当然非鹩哥莫属,连鹦鹉也比不上它们。一些鹩哥已经成功地从教授那里"领取"了"博士""硕士"学位。"博士"鹩哥会说普通话、广州话、英语三种语言,能一口气讲上"老板你好,恭喜发财"八个字,还能简单地对话。当你一进百鸟园,听着鹩哥们热情的问候此起彼伏:"你好""欢迎",一种惊喜之情就会从心底油然而生。

善学话的鹩哥也闹过不少笑话。一位向苏教授买了鹩哥的顾客一个星期后告诉教授:一天,几名派出所和居委会的人找上门来,劈头就说:"有人投诉你家里有狗叫声,你不知道我们这里不能养狗吗?"该顾客丈八金刚摸不着头脑:"我家没养狗啊!"这时狗叫声又从阳台传来。派出所的人理直气壮地进去找,一看傻了眼,原来是只调皮的鹩哥在学狗叫!苏教授听说了这事,边笑边赔礼:"忘了跟你说这只鹩哥的捣蛋史。"原来这只鹩哥是个"才子",什么都学。还在教授家里时,它独自在家学人叫"妈妈、妈妈"。来了外人明明听见里面有人声,却一再叫门没人来开,只得满腹狐疑地离开。有一次,教授带着这只鹩哥骑自行车走在路上,一路上老听到汽车声,害得教授总是让到路边等,每次回头却不见有车过来,才发现原来是这只鹩哥在学汽车喇叭叫。

理想： 新型人鸟关系

教授就是教授，养起鸟来也与众不同。如果说最初开始养鸟是属于逗乐的性质，后来苏教授养鸟就带上了研究、实验的色彩。他用心理学的知识研究鸟、训练鸟，让鸟学说人话，学会无所畏惧地与人相处；他大规模地养鸟，不断实践他的人鸟理想：希望用人为的方式，培养人与鸟和睦共处的新型人鸟关系。

"在西方发达国家，鸟不怕人是天生的。但在我国，人曾经砍山伐树，肆意破坏鸟儿生活的家园；人曾经为了满足口腹之欲，打鸟抓鸟煮了吃，一段时间下来，便形成鸟越来越少，鸟怕人的局面。我希望通过人为的努力，改变这种状况，让人亲近鸟，鸟亲近人。"

苏教授的理想已经在祈福新村得到部分实现。祈福新村已向苏教授开了两批鸟儿订单。送到祈福新村的鸟生活在他理想的模式里：鸟儿在半开放式、可以随意进出的大鸟笼中生活，鸟儿可以在居民区内随意玩耍，肚子饿了就回到大笼子里觅食；外面大榕树的果实熟了，鸟儿自己找得到东西吃，就不回鸟笼。一些鸟儿长期不回鸟笼，自己在外面做窝。有的母鸟长期在外面，生了小鸟后又带一窝小鸟回鸟笼玩。母鸟不怕人，生下的小鸟也同样不怕人。这一点让苏教授觉得特别高兴。

从训练出一批不怕人的鸟作为起点，让这批鸟又影响它们的后代，使以后的鸟都不怕人，这样人为地形成一个良性循环，这是苏教授认为培养新型人鸟关系的途径。苏教授到处办鸟园，养鸟，最终的目的是想把鸟儿都放出去，到大自然中去，到人的世界去，和人和平共处。"但是，现在时机还不够成熟，人的素质等各方面还跟不上。"苏教授说。1995年国庆期间，苏教授乘机在越秀公园办鸟展，做过鸟儿放生试验，每天放出100只鸟，但过几天，频频有人向他举报：又有人抓到你的鸟了。鸟儿不怕人，抓鸟者就更容易得手了。因此苏教授也希望通过开办鸟园，提供人与鸟亲近的机会，让人们都来感受鸟儿的可爱。"之后，谁还会狠得下心去吃这么可爱的小动物呢？"苏教授说。

继续扩大鸟园，在华南植物园内建一个鸟广场，将整个华南植物园变成一个鸟和人共处的小自然，这是苏教授目前的愿望，但这个方案还没获得有关部门的审批。

"这是件需要长时间来做的事情……"苏教授若有所思地说。

《南方日报》（2000年7月24日） 孙国英 钟敏

二、香港《东方日报》：穗退休教授变身"鸟王"

广州华南植物园百鸟园中活跃着一位精神矍铄的六旬老人，从鸟的孵育、喂养到给鸟治病、训练鸟讲话，他都亲力亲为，因此被行家誉之为"鸟王"。但游人绝对想不到这位"鸟王"竟然是已退休的大学教授，曾在华南理工大学、广州大学教授物理学、心理学，并出版过多种专著和论文。

大学教授是怎样成为"鸟王"的呢？原来，苏曾燧教授从小就爱玩鸟，他经常溜进山谷爬到树上，在鸟窝中掏幼鸟，把小鸟捧回家养。重新开始养鸟是在大学任教之后期，尽管一度身兼广州大学工会主席、教研室主任、校办企业经理与广州市人大代表等多项工作，可是精力充沛的他还是养了二十多笼鸟，家里专门腾出一间屋子作鸟室。20 世纪 90 年代初，苏教授患了眼疾，搞研究、教育有困难，他干脆把全部心思放到了养鸟上。在家人的支持下，华南植物园百鸟园于 1995 年开张了。其后，教授又把他的鸟园扩展到了新会小鸟天堂、东莞绿色世界、顺德生态乐园，每个鸟园会都有一百多种鸟，数量达到数千只。

训练鹩哥讲三种语言

教授就是教授，养起鸟来也是与众不同，如果说最初开始养鸟是属于逗乐的性质，后来苏教授养鸟，就带上了研究、实验的色彩。他用心理学的知识研究鸟、训练鸟，让鸟学说人话，学会无所畏地与人相处；他通过养鸟不断实践他的人鸟理想：希望用人为的方式，培养人与鸟和谐共处的新型人鸟关系。"鸟王"一手训练出来的鸟儿一点也不简单，排在最高层次的当然非鹩哥莫属，连鹦鹉也比不上它们。一些鹩哥会说普通话、广州话、英语三种语言，能一口气讲上"老板你好，恭喜发财"八个字。当你一进百鸟园，听到鹩哥热情的问候此起彼落："你好""欢迎"，一种惊喜之情就会从心底油然而生。

办鸟园让人鸟和谐共处

苏教授到处办鸟园,最终目的是想把鸟儿都放出去,到大自然中去,到人的世界中去,与人和谐共处。"但是,现在时机还不够成熟,人的素质等各方面还跟不上。"他曾做过鸟儿放生试验,每天放出一百只鸟,但这些鸟大多被人抓走了。鸟儿不怕人,抓鸟者就更容易得手了,因此苏教授也希望通过开办鸟园,提供人与鸟亲近的机会,让人们都来感受鸟儿的可爱,不再狠心去伤害它们。继续扩大鸟园,将整个华南植物园变成一个鸟和人共处的自然区,这是苏教授目前正在实施的计划。

香港《东方日报》"中华大地"栏目(2000年8月12日)

三、《老人报》:"鸟王"和他的百鸟园

百鸟园里觅鸟趣

汽车在平坦的公路上飞驶30分钟后,记者就来到南海市(今佛山市南海区)的蟠岗公园。公园里有苏教授新建立的百鸟园,取名为"小鸟依人",浪漫,惹人遐想。

"小鸟依人"共分为七区,包括鸟语廊、喂鸟区、观鸟区、招鸟区、开放区、水鸟区和繁衍基地,景色秀丽,鸟语声声。

苏教授带领记者参观鸟语廊。廊里挂着一笼笼的小鸟,会说话的鹩哥、文静的白文鸟、美丽的鹦鹉等等。与鹩哥对话很有意思,我们说"我来了",鹩哥马上回应"欢迎光临",我们再说"hello",它答"good morning",语音极准,分不出是人是鸟,令人忍俊不禁。一些嘴快的鹩哥,则"先生你好""老板你好"地叫唤,七嘴八舌,憨态可掬,让人心里直乐。

苏教授根据鹩哥的说话水平把它们分为4个级别:专科生、本科生、硕士生和博士生。"牙牙学语"的是"专科生",能用一种语言说出"你好""恭喜发财"等简单句子的是"本科生",可用普通话、广州话和英语说话的则升级为"硕士生"。"博士生"最厉害,不仅会三种语言,还能够与人进行简单的对话。鸟语廊走了一圈,肚子都笑痛了。

喂鸟区是苏教授为实现人鸟和谐共处的一个重要实验区,人们可以进去与鸟儿"零距离"接触。这里的鸟儿胆子特别大,漂亮的牡丹鹦鹉会成双成对飞到你的肩头上左顾右盼;可爱的白文鸟、灰文鸟会调皮地停落在你的手掌上,与你对望;而好动的红嘴蓝鹊,则会"呼啦啦"地飞来,落在你的头上、手臂上,毫不客气地啄食你手上的鸟食……

苏教授说,在这里不是鸟怕人,而是人怕鸟。当成群的八哥在你身边飞舞时,胆小的确实会被吓一跳,我们的实习生小姑娘就被吓得花容失色,不过她很快就忘情地大笑,说鸟儿真的很可爱。

苏教授说："其实鸟儿都通人性,你对它们有感情,它们就会亲近你。经我治疗过的鸟儿都喜欢向我撒娇,有的还要我帮它们挠痒痒,而被我拔过毛的鸟儿则会对我有小小的成见。"

拔毛?原来一些公鸟在发情期会因争风吃醋而打斗,这时苏教授就得拔掉它们翅膀上的一些羽毛,以减弱它们的"战斗力",避免两败俱伤。

在鸟儿繁衍区,我们看到了正在孵蛋的小鸟妈妈和刚出生的小鸟。苏教授说,这里的幼鸟一睁开眼睛就能见到人,从小就对人产生亲切感,长大也不会怕人。把鸟儿的繁育过程搬到屋子里供游客参观,也可让人们对小鸟的生态有更深的了解,另外还能成为中小学生学习生物学课程的第二课堂,增加他们养鸟、护鸟的知识。苏教授风趣地说:"训练鸟儿要从幼鸟开始,培养人们爱鸟也要从娃娃抓起的意识。"

人与鸟可和谐相处

苏教授的最终理想,是要建立一种新型的人鸟关系,即在完全开放的自然环境下,人与鸟和谐共处。

为了达到这个理想,他已经奋斗了好多年。早在1992年,苏教授已和广州南湖游乐园合作筹建百鸟园。当时南湖游乐园举办花鸟虫鱼展览活动,苏教授也带上了自己精心喂养的小鸟参加。结果他的小鸟大出风头,令参观者赞叹不已。

展览会后,南湖游乐园便与苏教授达成了合作协议,由游乐园提供五百平方米的场地及其他硬件设施,苏教授则负责小鸟的养护,这也是苏教授创办的第一个百鸟园。百鸟园给游客带来了许多欢乐,最多的一天有5000多人进园参观。之后,苏教授又相继在广州华南植物园、新会小鸟天堂、东莞绿色世界、顺德生态乐园、深圳横岗园山风景游览区建起了百鸟园。

苏教授说,办百鸟园的最终目的是把鸟儿放出去,到大自然中去,到人的世界中去。不过,由于时下人们爱鸟、护鸟和保护环境的意识还不是很强,放鸟的时机暂时还未成熟。

1995年国庆节期间,他在广州越秀公园办鸟展时曾做过一个试验:每天放出一百只鸟。可惜回巢率不高,原因是许多游客捕捉这些不太怕人的小鸟。他在广州植物园、祈福新村也做过类似的试验,但结果还是由于人们爱鸟意识薄弱而被迫中断。

但教授并不气馁,继续做试验,他在"小鸟依人"里专门辟出一块空地作为招鸟区,每天在空地上撒下小鸟饲料,吸引野生小鸟飞来。他饲养的小鸟,也将逐步向半开式过渡,首先由管理员对鸟儿实行分批的驯化,然后有步骤地逐步放出一部分的小鸟与游客逗玩,从中培养人们的爱鸟意识。当时机成熟时,苏教授还会把全部小鸟放出来,实现真正的"人鸟和谐"。飞出去的小鸟如果能够"自食其力",就会在外面筑巢做窝,孵育下一代。这些与人类亲近的鸟儿,又为它们的下一代树立榜样,带动它们亲近人类。最后,小鸟与人类就会成为朋友。

苏教授的理想是美好的,但在现有的"社会基础"上,又能否实现呢?

"手掌鸟"的启示

苏教授在大学里教授物理学和心理学,怎么会与鸟儿结下不解之缘呢?原来主要是受他父亲的影响。小时候在家乡,山林田野,到处都有小鸟,他经常爬到树上掏鸟蛋带回去孵养,甚至上学也带着幼鸟。

在大学任教期间,苏教授再次爱上了养鸟。他对采用条件反射理论训练小动物特别感兴趣,据他说,这灵感源自美国海军训练海豚搜索鱼雷。当时,酷爱小动物的女儿养了许多金鱼,这正好给了苏教授一个实验的机会。他喂金鱼的方法非常独特,是将饭粒粘在手指上,然后慢慢地伸入水中,让金鱼啄食自己手指上的饭粒。久而久之,金鱼一见到水里有手指就兴奋。接下来,苏教授将手指移离水面,金鱼为啄食手指上的饭粒,居然从水中跃起,像跳舞一样。

"会跳舞的金鱼"给了苏教授很大的启发,既然金鱼会跳舞,小鸟为何不能呢?于是苏教授在家里专门腾出一个房间养起小鸟,开始他新的养鸟生涯。

刚开始,苏教授养的是非常惹人喜爱的白文鸟和灰文鸟。为了训练小鸟"跳舞",他将鸟食放在儿子、女儿的手掌上,教他们并排站着,让小鸟在他们的手上啄食。到后来,苏教授干脆让儿女带小朋友回家,排成一排,都摊开放有鸟食的手掌,惹得那些白文鸟和灰文鸟欢蹦乱跳,从这个孩子的手上跳到另一个孩子手上,煞是可爱。苏教授美其名曰"手掌鸟"。

现在，苏教授正运用这一理论来驯服大量的鸟儿，让它们能更主动接近人。他养鸟的目的，也早跳出了自娱自乐的小框框，建筑在人与自然的关系这个大命题之上了。

爱鸟滋润不老心

苏教授说："其实鸟类本是人类的好朋友，但它们遭受的种种厄运却叫人痛心，人们砍伐山林，肆意破坏鸟类生存的自然环境，使鸟儿失去了可以栖息的地方。人们为了消灭虫害，无意中又毒死了大量以虫类为主食的野鸟。一些环保意识薄弱的人甚至以打鸟、捕鸟为乐。为了满足口腹之欲，人们还吃鸟，尤其是广东人最爱吃鸟。"针对这一问题，苏教授认为，除了政府要制定相关的法律来约束人们的伤鸟行为外，更重要的还是要从根本上改变人们的思想观念，通过种种方式，培养人与鸟之间的感情，提高人们爱鸟、护鸟的环保意识，恢复人与鸟和睦共处的自然关系。

苏教授今年66岁，经营鸟的事业让他走进了人生的第二个春天，他依然有一颗不老心。他殷切地希望，将来能在祖国各地创办更多的开放式的百鸟园，给小鸟一个温馨的家，让更多的人享受与鸟儿和睦相处的欢乐。

《老人报》"社会聚焦"栏目（2002年10月17日）

四、《珠江时报》："万鸟导师"带出鹩哥"博士生"

广州大学退休教授苏曾燧在南海、顺德等地创办百鸟园，希望能带动人们培养人鸟和谐相处意识。

一只似乎愣头愣脑的鹩哥，却能说出标准的"您好""good morning"等口头语来，令记者以为进入了神奇的童话世界。这是记者昨天在南海蟠岗公园"小鸟依人"百鸟园里遇到的奇事。

更有意思的是，百鸟园的主人、69岁的广州大学退休教授苏曾燧告诉记者，那些会说话的鹩哥是他培养的一名"博士生"，百鸟园的鹩哥最多的时候达到400多只。

据了解，苏教授从1992年在广州南湖游乐园创办第一个百鸟园开始，已经分别在南海蟠岗公园、顺德均安生态乐园、新会、东莞、深圳等地创办了14个百鸟园。他希望"爱鸟从娃娃抓起"，他的百鸟园能成为中小学生培养人与自然和谐相处意识的第二课堂。

奇事：鹩哥"口语"分四级

漫步在"小鸟依人"百鸟园里，让人感觉到仿佛置身于一个鸟儿的童话世界里。白孔雀优雅高洁，白文鸟文静贤淑，鹦鹉艳丽灵巧，鹩哥会说人话。鹩哥会根据你的问话，说一些诸如"恭喜发财""欢迎光临"之类的口头语。

"我把鹩哥'口语水平'分成四个级别，分别是'专科生''本科生''硕士生''博士生'。"教了38年大学生的苏教授，把鸟儿也当成了学生。他说，"专科生"刚刚学说话，"本科生"能用一种语言说出"你好""恭喜发财"等简单词句，"硕士生"可用普通话、广州话、英语三种语言说话，"博士生"不仅会三种语言，还能大胆、灵活地与人进行简单的对话。记者试着对着一只鹩哥说了声"您好"，那只鹩哥居然摇头晃脑地对着记者回了一句"欢迎光临"，逗得大家哈哈大笑。记者发现，它们根本不怕生人，仿佛是鸟在逗人，而不是人在逗鸟。

奇趣： 手上的鸟儿会跳舞

一只洁白清纯的白文鸟在苏教授的手上宁静地站着，时而拍起翅膀轻轻飞出10多厘米，就像跳舞一样。

苏教授告诉记者，训练鸟儿"跳舞"的灵感来自他训练"会跳舞的金鱼"。他喂金鱼的方法与众不同。他把饭粒粘在手指上，伸入水中喂金鱼。渐渐地，金鱼一见到他的手指伸进水中就会游过来啄食。后来，他把手指伸到水面上，金鱼居然从水中跃起，好像在跳舞。

于是他把这个方法用来训练白文鸟"跳舞"。他把食物放在儿子和女儿手掌上，让小鸟在他们手上啄食。或者干脆让儿女带一群小朋友回来，排成一排，在手掌上放上食物。白文鸟在小孩们的手上跳来跳去，时而张开翅膀，好似翩翩起舞。现在他把手掌摊开，白文鸟就会在上面飞来飞去，跳一曲"圆舞曲"。

奇人： 养鸟过万成 "导师"

俗语说"玩鸟丧志"，但苏教授作为一名学者，他玩鸟恰恰是志在其中。他研究的课题是放鸟归林，建立一种人与自然和谐相处的生态情境。

苏教授常常在"小鸟依人"里进行飞行试验。他采取半开放的形式，让部分鸟儿飞出鸟笼，直接与游人接触。如果鸟儿愿意在树上筑巢，他也让它们自由生活，不再赶回笼里。

苏教授1995年退休后，把百鸟园推广到了整个珠三角地区，目前连湖南衡山都有他的小鸟王国。他说，他养殖和培训的鸟儿已经超过1万只。以前他是大学教授，现在他是鸟儿导师。

苏教授在大学时教过心理学，因此他把心理学的知识都应用到了驯鸟上。在百鸟园里，不仅鹩哥会说话，白文鸟可以与人同桌共餐，而且各种鹦鹉还能表演走钢丝、打篮球、骑单车、溜冰、叼钱等杂技。

苏教授最初创办第一个百鸟园时，想的就是创造一个人与鸟和睦沟通的环境。最近，他的一些百鸟园成为当地中小学生的第二课堂。他希望"爱鸟从娃娃抓起"，他的所有百鸟园都能成为中小学生培养人与自然和谐相处意识的第二课堂。

《珠江时报》（2005年3月16日）

五、《人民日报》：教授 "鸟王"

120种、几千只羽毛华美的鸟儿在自由地觅食，欢快地嬉戏，游人与它们亲切地"交流"：逗玩、抚摸、合影……当你置身于广州华南植物园百鸟园那片极富生活情趣、其乐融融的鸟世界，沉浸在人鸟同乐的和谐气氛时，你才能够真正理解"鸟王"苏曾燧那永远挥之不去的爱鸟、护鸟、养鸟情结。

"鸟王"苏曾燧，在广州也算有些名气，称他为"鸟王"一点都不夸张。他不仅是华南植物园百鸟园的主人，还是新会小鸟天堂百鸟园、东莞绿色世界百鸟园、顺德生态乐园百鸟园的主人。

拳拳爱鸟心

其实，养鸟并不是苏曾燧的本行，他本是副教授，曾在华南理工大学、广州大学教授物理学、心理学，在本专业学术研究方面颇有建树。

出生于广东省新兴县山区的他，从孩提时代起便和鸟儿结下了不解之缘。苏曾燧饶有兴趣地回忆说："上学读书时，为给幼鸟喂食，我在书包上戳几个小洞洞，用小盒子装上一窝幼鸟，就去上学了。"

提起往事，他无限感慨，那时家乡屋前屋后，山坡上，田野里，树林中，漫山遍野到处都是鸟儿"叽叽喳喳"的欢叫声和清脆悦耳的歌声。可惜这种场景如今却难得一见了！近些年来，耳闻目睹的大都是鸟类遭到的种种厄运。对此，一生爱鸟的苏教授痛心疾首，寝食难安。他在退休前夕，在家里专门腾出一间房子作鸟室，养了20多笼鸟，学习养鸟的各种技术，比如孵化、治疗技术等等。

20世纪90年代初，苏曾燧患了白内障，搞研究看书眼睛有困难。于是，内心深处那个护鸟的愿望就开始实践起来。他有一个大胆的设想，建立一个百鸟园——把鸟儿放在一个大鸟区内，培养人与鸟和平共处，再把鸟放归大自然。

1992年，他利用业余时间在广州南湖游乐园创办了第一个百鸟园。此后，他又相继在东莞林则徐纪念馆、广州越秀公园、荔湾湖公园、新兴县龙山温泉举办过鸟展及引鸟、护鸟活动。

名师出"高徒"

在家人的支持下,华南植物园百鸟园在1995年开张了。养鸟是一个忙碌的事。每天早上六七点钟起来就要去喂鸟,像照顾新生婴儿一样照顾雏鸟:把奶粉加米粉调成糊状,喂到它们张开的小嘴中,每隔两个小时要喂一次。等幼鸟稍大点,还要喂面包虫,直到它们能自理为止。夏天要给幼鸟驱蚊;冬天要给幼鸟防冻。人手不够了,就要请人帮忙。最多的时候,苏教授请了20多个鸟"保姆"。

人有生老病死,鸟也一样。苏教授除了是一位称职的"鸟王",还是一位医术高超的"鸟医"。学医鸟,可以说是被逼的。苏教授说,刚开始养鸟因为不懂得医鸟,寒潮一来,鸟儿就得了传染病。有一次,一个鸟区的60只鸟得了传染病,最后死剩6只,多痛心呐!后来,他通过看书、摸索,向当医生的妻子请教,练就了一套"医鸟本领"。

养鸟虽然苦了点,但苏曾燧觉得很有意义,也很快乐。鸟园里的鸟儿对苏教授都显得特别亲热,把他当作亲人。有一只海南鹩哥,一见到他就欢快地叫"苏教授!苏教授!",连鸟类中凶猛的猫头鹰,见到苏教授也要向他撒娇,要苏教授帮它抓痒。苏教授说:"鸟类是特别有灵性的,你对它有感情,它也对你好。"

在照顾鸟儿的过程中,苏教授认为最有乐趣的莫过于教海南鹩哥说话。不愧是教授,他根据鹩哥的说话水平把它们分成4个级别:博士生、硕士生、本科生和专科生。刚学会说话的是"专科生";能用一种语言流利说出"你好""恭喜发财"等句子的可成为"本科生";能用普通话、广州话和英语说话的,可以从教授那里领到"硕士文凭";最高学历的"博士"除了会3种语言外,还要能进行简单对话。现在有一些鹩哥已领取了"博士""硕士"学位。有些鹩哥还很有"才情",善学博学,偶尔还闹些笑话出来。一位游客曾买走一只海南鹩哥,一个星期后就来向苏教授"诉苦"说:有人投诉他,说他在家养狗。他觉得莫名其妙,一调查才知道,原来是鹩哥在学狗叫!

爱鸟不了情

"鸟王"大规模地养鸟,是在以行动实践着他的人鸟理想:用人为的方式,培养人鸟之间的情感,恢复人与鸟和睦共处的自然关系。

虽然苏曾燧已是六旬老人,而且已有5个鸟园,但他仍然"野心勃勃":"只要条件成熟,我会多办几个鸟园,让鸟儿有更多温馨的家。"据悉,近期他将把鸟园建到衡山去,继续扩大鸟园,建立一个较大的鸟类保护区,集招鸟、护鸟、养鸟、观鸟为一体,形成开放式的鸟广场和鸟林。让保护区成为向人们宣传鸟类知识,提高人们爱鸟、护鸟和环保意识的场所,这将是"鸟王"的下一个目标。

《人民日报》(2000年10月9日第十五版)　　朱东华